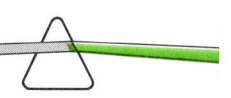

SERIE DE LA APLICACIÓN DE CIENCIAS

BIOLOGÍA

Biología humana

Seymour Rosen

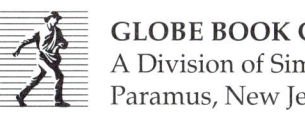

GLOBE BOOK COMPANY
A Division of Simon & Schuster
Paramus, New Jersey

THE AUTHOR

Seymour Rosen received his B.A. and M.S. degrees from Brooklyn College. He taught science in the New York City School System for twenty-seven years. Mr. Rosen was also a contributing participant in a teacher-training program for the development of science curriculum for the New York City Board of Education.

Cover Photograph: Dirk Gallian/Nawrocki Stock Photo
Photo Researcher: Rhoda Sidney

ISBN: 0-8359-0707-4

Printed in the United States of America 10 9 8 7 6 5 4 3 2   97 96 95 94

Globe Book Company
A Division of Simon & Schuster
Paramus, New Jersey

ÍNDICE

Introducción a la Biología humana

¿Puedes pensar en una máquina que quema el combustible para calor y energía y que tiene una bomba tan fuerte que funciona año tras año sin parar? ¿Es un coche? ¿Un motor? ¡No! ¡Es el cuerpo humano!

Un ser humano puede hacer muchas cosas, desde correr en un maratón hasta soñar con viajar al espacio interplanetario. Pero algunas de las cosas más maravillosas suceden dentro del cuerpo. Esta "máquina" tan trabajadora puede luchar contra los gérmenes invasores. Puede transformar las complejas sustancias químicas de los alimentos en sustancias simples. Transporta materiales importantes de un lugar a otro. También envía mensajes de un lugar a otro. Y la mayoría de estas actividades ocurren mientras duermes, trabajas o miras la televisión.

En este libro aprenderás sobre cómo planificar comidas equilibradas. También aprenderás sobre qué hace el cuerpo con sustancias extrañas, tales como las drogas, el alcohol y el tabaco.

Sin embargo, y aún más importante, aprenderás sobre qué efectos tendrán en tu cuerpo las decisiones que tomas hoy.

¿Qué son los tejidos y los órganos?

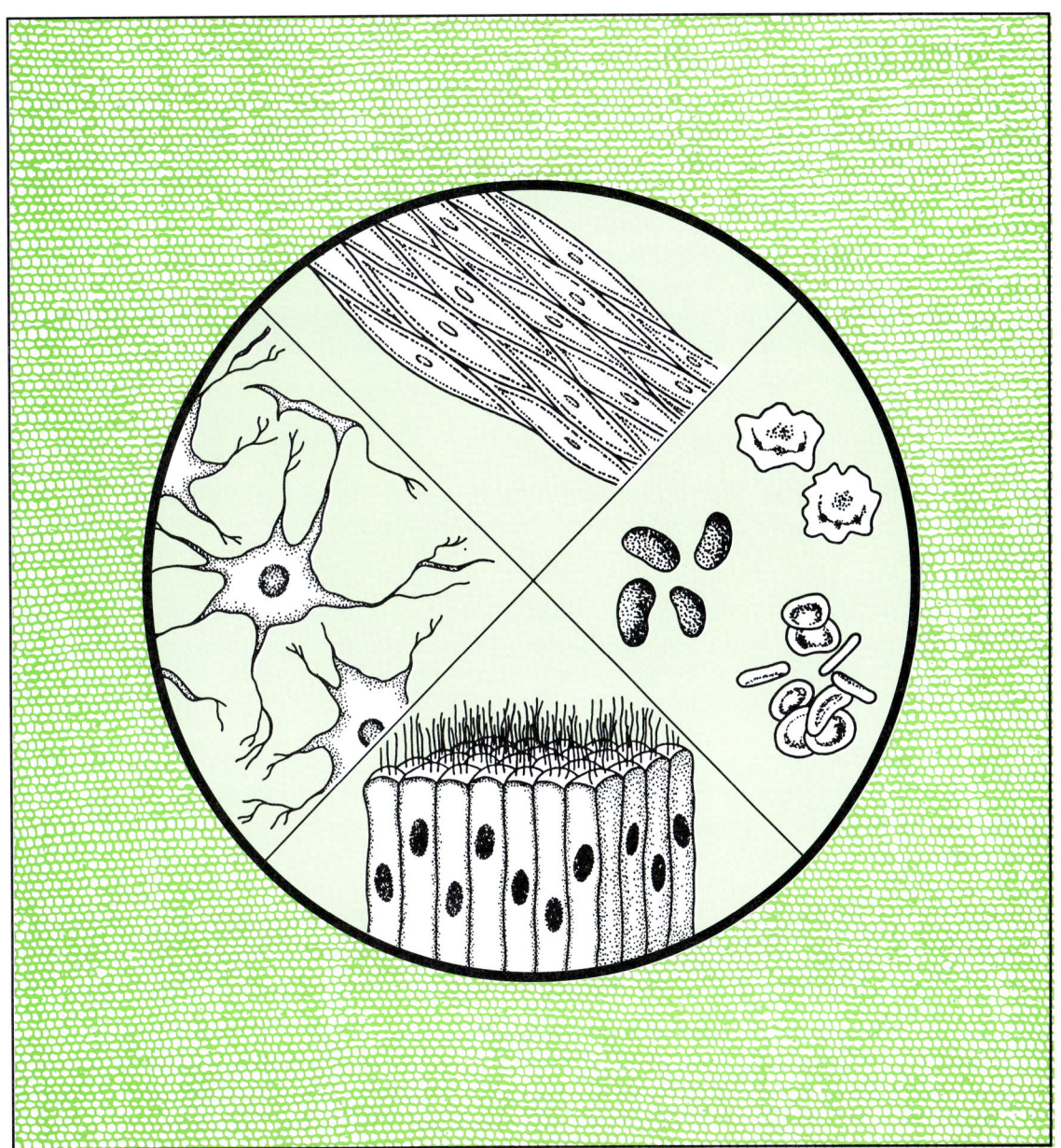

órganos: grupos de tejidos que se unen para realizar una función específica
células especializadas: células que se parecen en tamaño y en forma
tejidos: grupo de células parecidas que trabajan juntas para realizar una función específica

LECCIÓN 1 | ¿Qué son los tejidos y los órganos?

Un coche tiene muchas partes. Cada parte realiza una función especial. Todas las partes tienen que trabajar juntas para que funcione bien el coche.

En algunas formas, el cuerpo se parece al coche. El cuerpo tiene muchas partes. Estas partes trabajan juntas para que tú funciones bien.

Como sabes, el cuerpo se forma de billones de células. Estas células se parecen en ciertas maneras. Pero no todas las células son iguales. Tienen diferentes tamaños y formas. Distintas clases de células tienen distintas funciones. Son **células especializadas.** Las células especializadas se parecen en tamaño y en forma. Las formas de la mayoría de las células les ayudan a realizar sus funciones.

La función de una célula especializada sólo se puede realizar por esta clase de célula. Ninguna de las otras células puede tener esa función. Por ejemplo, solamente las células nerviosas pueden transmitir y recibir mensajes. Solamente las células de los músculos pueden hacer mover los huesos.

LOS TEJIDOS En organismos de muchas células, las células funcionan como equipos, igual que los jugadores de un equipo de béisbol. Forman grupos de células especializados que se llaman **tejidos.** Un tejido es un grupo de células parecidas que trabajan juntas para realizar una función especial.

En los seres humanos hay cuatro clases principales de tejidos. Éstas incluyen el <u>tejido</u> <u>epitelial</u>, el <u>tejido</u> <u>nervioso</u>, el <u>tejido</u> <u>conjuntivo</u> y el <u>tejido</u> <u>muscular</u>.

LOS ÓRGANOS Los grupos de células que trabajan juntas forman los tejidos. Los diferentes tejidos también trabajan "en equipo". Los grupos de tejidos que se unen para hacer una tarea específica son los **órganos.**

Hay muchos órganos en el cuerpo. El corazón es un órgano. Impulsa la sangre por todo el cuerpo. El corazón es un órgano de la circulación. La nariz, la tráquea y los pulmones son órganos también. Estos órganos se usan para la respiración. También hay órganos de los sentidos. Los órganos de los sentidos te indican lo que pasa tanto dentro del cuerpo como fuera del cuerpo.

LOS TEJIDOS Y LOS ÓRGANOS

Emplea lo que has leído hasta este punto para contestar las preguntas que siguen.

1. ¿Qué se unen para formar los tejidos? _____

2. Nombra las cuatro clases de tejidos dentro del cuerpo humano._____ ,

   _____ , _____ y _____ .

3. ¿Qué se unen para formar los órganos? _____

LOS TEJIDOS HUMANOS Y SUS FUNCIONES ESPECIALES

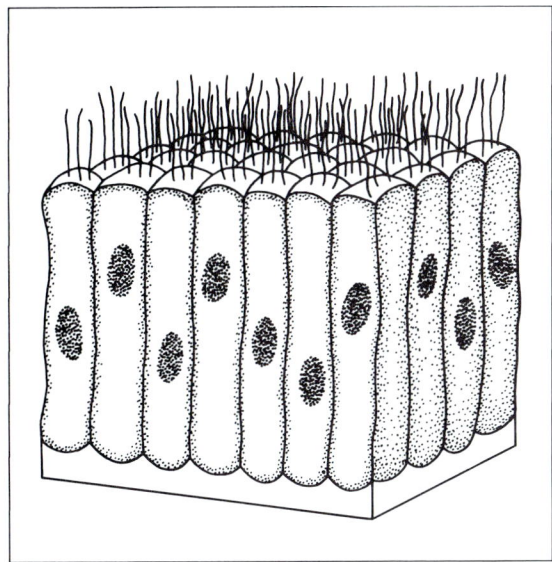

Figura A

EL TEJIDO EPITELIAL es un tejido que cubre. Está hecho de células que se unen de forma muy apretada. La piel se forma de tejido epitelial. El tejido epitelial cubre los órganos dentro y fuera del cuerpo. Sirve para evitar que entren los gérmenes y también te protege de heridas.

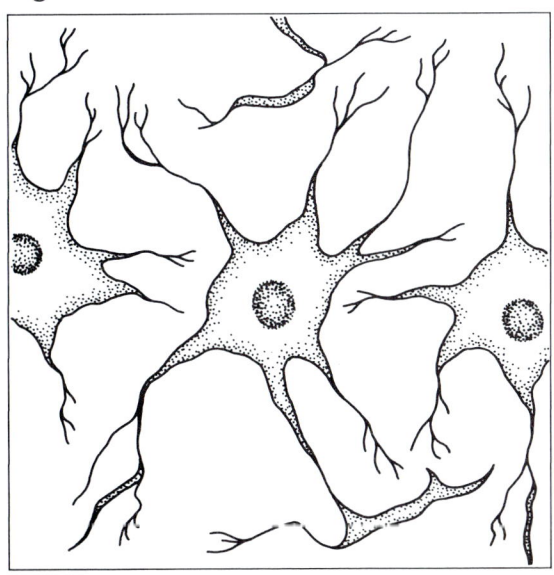

Figura B

EL TEJIDO NERVIOSO consiste en células nerviosas. Transmite y recibe mensajes. El tejido nervioso nos permite responder a los estímulos, o sea, los cambios a nuestro alrededor. El tejido nervioso responde a cambios dentro y fuera del cuerpo.

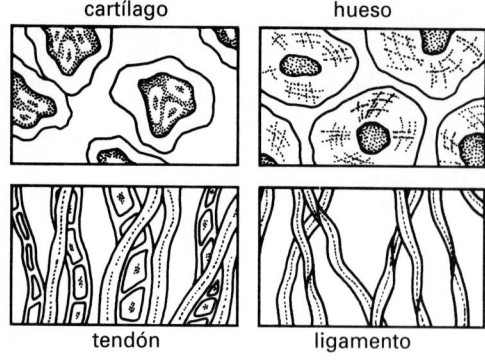

EL TEJIDO CONJUNTIVO apoya al cuerpo y une las partes. El tejido conjuntivo también ayuda a proteger el cuerpo.

Huesos, cartílago, tendones y ligamentos son ejemplos de tejidos conjuntivos.

Figura C

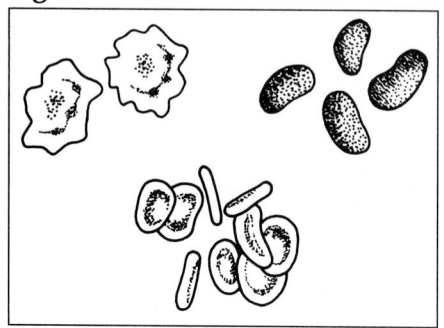

La sangre también es un tejido conjuntivo. Es un tejido conjuntivo líquido. La sangre lleva el oxígeno, los alimentos digeridos y las importantes sustancias químicas a todas las partes del cuerpo. El tejido de la sangre también se lleva los desechos del cuerpo.

Figura D

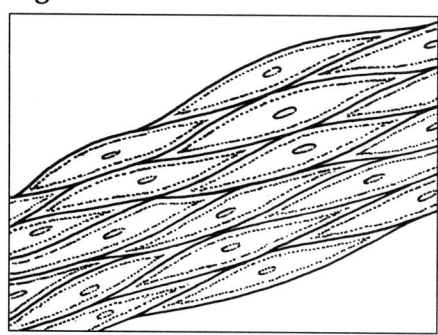

EL TEJIDO MUSCULAR hace posible el movimiento. El tejido muscular consiste en células que se pueden acortar. Hay diferentes tipos de tejidos musculares. Un tipo se liga a los huesos. Cuando se acortan estos músculos, tiran de los huesos.

Figura E

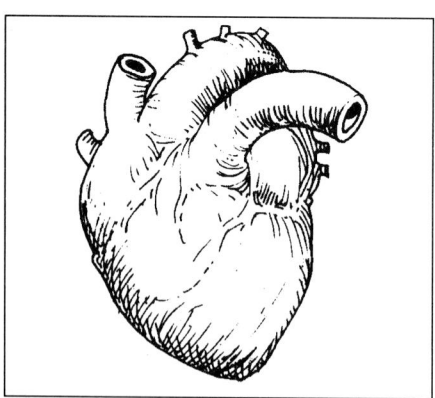

El cuerpo tiene muchos órganos. Un órgano consiste principalmente en un solo tipo de tejido. Pero un órgano puede tener otros tejidos también. Por ejemplo, el CORAZÓN es un órgano. Impulsa la sangre por todo el cuerpo. Principalmente, el corazón consiste en tejido muscular. Pero también tiene tejido sanguíneo (de la sangre), tejido nervioso y tejido epitelial.

Figura F

4

ALGUNOS ÓRGANOS DEL CUERPO HUMANO

En la tabla que sigue hay una lista de los varios órganos y sus funciones. Algunos de los tejidos que forman cada órgano están en la lista también.

ÓRGANOS	FUNCIÓN	TEJIDOS
CORAZÓN	impulsa la sangre por todo el cuerpo	principalmente muscular; también sanguíneo, nervioso y epitelial
ESTÓMAGO	digiere los alimentos	muscular, nervioso, sanguíneo y otros tejidos
PIEL	cubre y protege el cuerpo; ayuda a eliminar las sales, el agua, el calor y una pequeña cantidad de urea	principalmente epitelial; también sanguíneo, nervioso y otros tejidos
CEREBRO y MÉDULA ESPINAL	el cerebro es el órgano de la razón; el cerebro y la médula espinal transmiten y reciben mensajes	principalmente nervioso; también sanguíneo, conjuntivo y otros tejidos
OJOS, OÍDOS, NARIZ, LENGUA y PIEL	órganos de los sentidos; indican lo que pasa a tu alrededor	nervioso, muscular, sanguíneo y otros tejidos

¿QUÉ MUESTRAN LOS DIAGRAMAS?

Emplea la información de la tabla de arriba para contestar las preguntas sobre los diagramas que siguen.

Los dos órganos que se muestran aquí consisten principalmente en tejidos nerviosos.

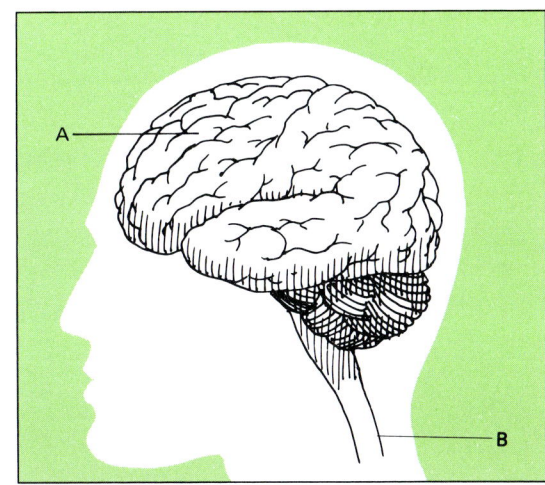

Figura G

1. ¿Cuál es el nombre del órgano A?

_____

2. ¿Cuál es el nombre del órgano B?

_____

La piel es el órgano más grande del cuerpo. Las glándulas sudoríparas (que producen el sudor) en la piel expulsan los desechos.

3. ¿Cuáles son dos funciones de la piel?

_____

_____

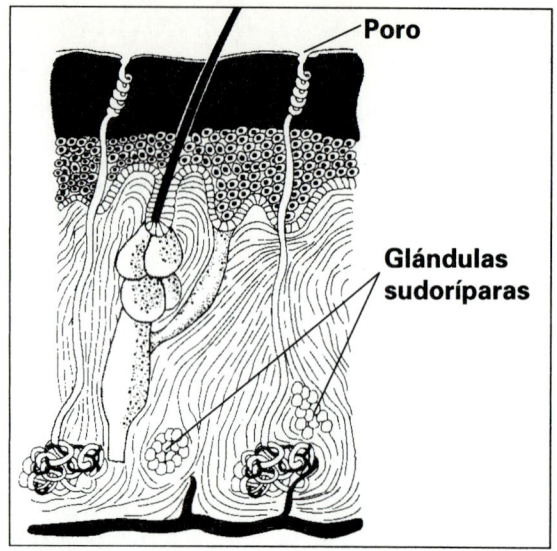

Figura H

HACER CORRESPONDENCIAS

Empareja cada término de la Columna A con su descripción en la Columna B. Escribe la letra correcta en el espacio en blanco al lado de cada término.

Columna A	**Columna B**
_____ **1.** la sangre	**a)** impulsa la sangre
_____ **2.** el tejido conjuntivo	**b)** tejido que cubre
_____ **3.** los tejidos epiteliales	**c)** consisten principalmente en tejidos nerviosos
_____ **4.** los estímulos	**d)** se lleva el oxígeno y los alimentos a las células
_____ **5.** los órganos de los sentidos	**e)** produce movimiento
_____ **6.** el tejido muscular	**f)** los huesos, los tendones, los ligamentos y el cartílago
_____ **7.** el cerebro y la médula espinal	**g)** el órgano de la digestión
_____ **8.** el estómago	**h)** oídos, ojos, nariz, piel y lengua
_____ **9.** los pulmones	**i)** los órganos de la respiración
_____ **10.** el corazón	**j)** los cambios a nuestro alrededor

¿Qué es un sistema de órganos?

2

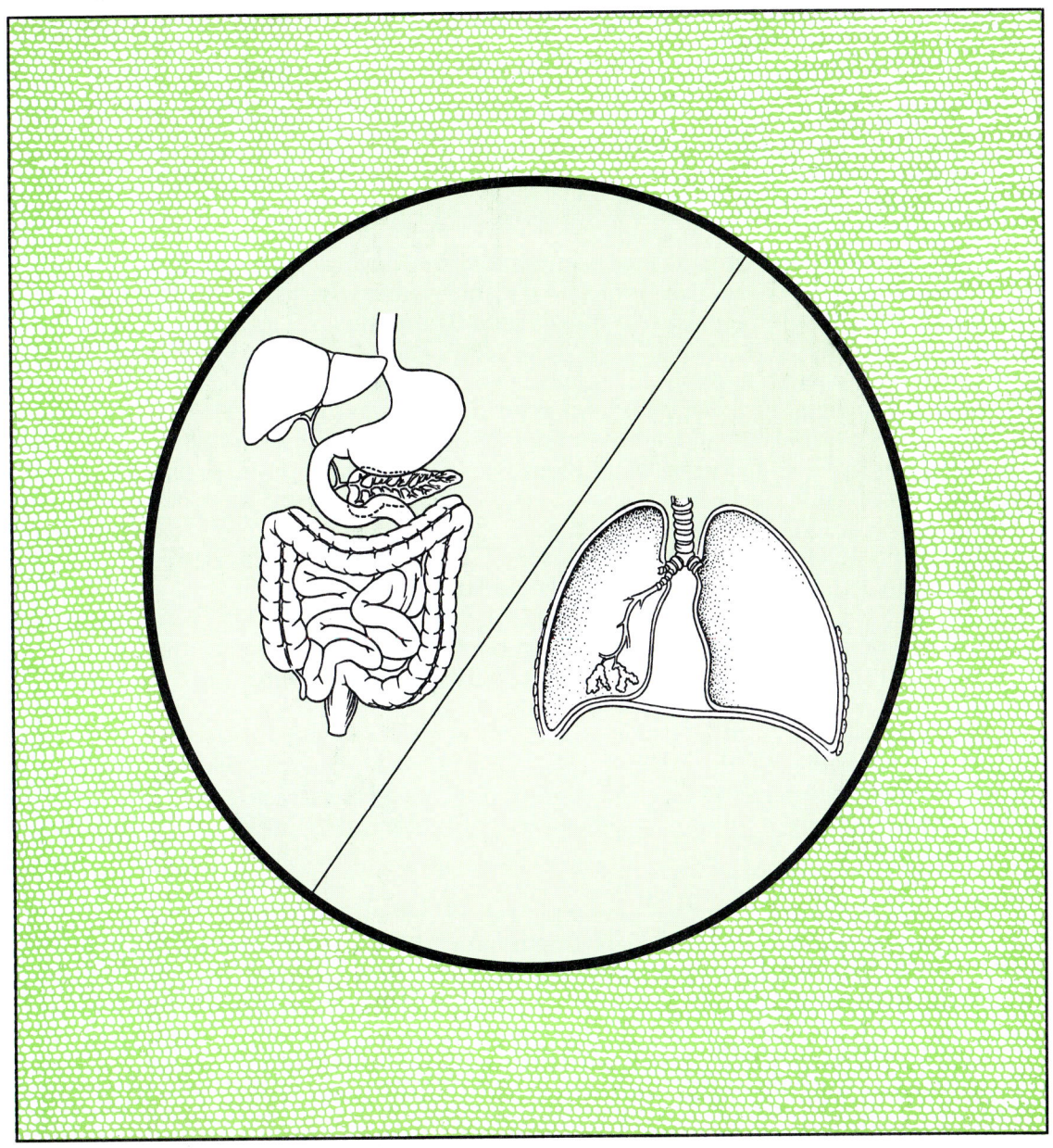

sistema de órganos: grupo de órganos que trabajan juntos

LECCIÓN 2 | ¿Qué es un sistema de órganos?

Como ya sabes, las células no trabajan solas. Las células parecidas se unen para formar tejidos, y los tejidos se unen para formar órganos. Los órganos realizan funciones importantes. Pero aun los órganos no funcionan solos.

Por lo general, unos órganos trabajan juntos para llevar a cabo una función de vida específica. Un grupo de órganos que trabajan juntos para realizar una función específica es un **sistema de órganos.**

Cada órgano en un sistema de órganos tiene una función específica. Por ejemplo, la boca, el esófago (el tubo por donde pasan los alimentos), el estómago y el intestino delgado son órganos del <u>sistema</u> <u>digestivo.</u> El sistema digestivo transforma los alimentos en una forma que el cuerpo puede utilizar.

El cuerpo humano tiene otros varios sistemas de órganos. Cada sistema de órganos trabaja para realizar una de las funciones de vida.

Mira la tabla de la página siguiente. Mientras la lees, vas a notar que algunos órganos son parte de más de un solo sistema de órganos.

Por ejemplo:

- El hígado es parte del sistema digestivo. El hígado también es parte del <u>sistema</u> <u>excretorio.</u> El sistema excretorio elimina los desechos de las células.

- La boca es parte del <u>sistema</u> <u>respiratorio.</u> El sistema respiratorio (que sirve para respirar) trae oxígeno al cuerpo. También ayuda a eliminar el dióxido de carbono. Como ya sabes, la boca es parte del sistema digestivo también.

Hay varios sistemas de órganos en el cuerpo. Todos estos sistemas trabajan juntos. Y, juntos, todos ellos forman un organismo vivo: ¡TÚ!

SISTEMAS DE ÓRGANOS Y LOS ÓRGANOS

SISTEMA DE ÓRGANOS	ÓRGANOS PRINCIPALES
Sistema digestivo	boca esófago estómago intestino delgado intestino grueso hígado páncreas
Sistema respiratorio	nariz y boca tráquea pulmones (2)
Sistema circulatorio	corazón vasos sanguíneos
Sistema nervioso	cerebro médula espinal
Sistema excretorio	riñones (2) piel pulmones hígado intestino grueso vejiga
Sistema reproductor	ovarios (2) (mujeres) testículos (2) (hombres)
Sistema endocrino	glándula tiroides glándula pituitaria timo
Sistema muscular	músculos
Sistema esquelético	huesos

ROTULA EL DIBUJO

Los diagramas de abajo muestran unos órganos, un organismo y un sistema de órganos. ¿Cuál de ellos representa cuál de los temas? Escribe el nombre correcto debajo de cada diagrama.

Figura A   **Figura B**   **Figura C**

_____ _____ _____

LAS GLÁNDULAS

Los órganos que se ven en la Figura D son **glándulas.** Las glándulas forman el sistema endocrino. Las glándulas producen las sustancias químicas que el cuerpo necesita para realizar las funciones de vida.

1. ¿A qué sistema de órganos pertenecen los órganos de la Figura D?

   _____

2. ¿Cuáles de los órganos de este sistema de órganos tiene una mujer que no tiene un hombre? _____

3. ¿Cuáles de los órganos de este sistema tiene un hombre que no tiene una mujer? _____

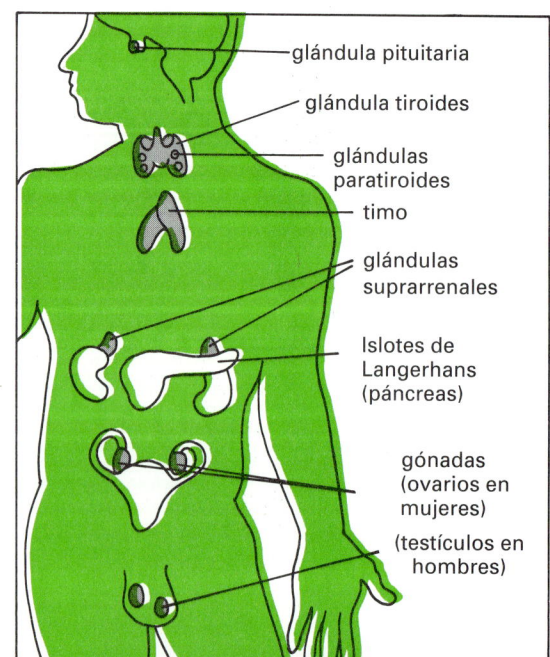

glándula pituitaria

glándula tiroides

glándulas paratiroides

timo

glándulas suprarrenales

Islotes de Langerhans (páncreas)

gónadas (ovarios en mujeres)

(testículos en hombres)

Figura D

COMPLETA LA TABLA

En la tabla que sigue hay una lista en la primera columna de los órganos de algunos de los sistemas de órganos. Haz una marca (✔) en las otras columnas si el órgano pertenece a alguno de los otros sistemas. Recuerda que un órgano puede pertenecer a más de un sistema.

	ÓRGANOS	SISTEMAS DE ÓRGANOS							
		diges-tivo	respira-torio	excre-torio	repro-ductor	circula-torio	nervioso	endo-crino	esque-lético
1.	intestino grueso								
2.	vejiga								
3.	cerebro								
4.	ovarios								
5.	nariz								
6.	hígado								
7.	vasos sanguíneos								
8.	riñones								
9.	médula espinal								
10.	pulmones								
11.	corazón								
12.	intestino delgado								
13.	boca								
14.	huesos								
15.	tráquea								
16.	esófago								
17.	piel								
18.	testículos								
19.	estómago								
20.	tiroides								

COMPLETA LA ORACIÓN

Completa cada oración con una palabra o una frase de la lista de abajo. Escribe tus repuestas en los espacios en blanco. Se pueden usar unas palabras más de una vez.

respiratorio	tejidos	excretorio
sistema de órganos	circulatorio	digestivo
órgano	más de un	organismo

1. Las células se unen para formar los _____.

2. Los tejidos que trabajan juntos forman un _____.

3. Dos o más órganos que trabajan juntos forman un _____.

4. Un _____ se forma de los sistemas de órganos.

5. A veces, un órgano puede funcionar en _____ sistema.

6. El hígado es parte del sistema _____. Es parte también del sistema _____.

7. El intestino grueso es parte del sistema _____. Es parte también del sistema

   _____.

8. El corazón es parte del sistema _____.

9. Los pulmones forman parte del sistema _____. Los pulmones

   también son parte del sistema _____.

HACER CORRESPONDENCIAS

Empareja cada término de la Columna A con su descripción en la Columna B. Escribe la letra correcta en el espacio en blanco al lado de cada término.

Columna A	Columna B
_____ **1.** un riñón	**a)** órgano del sistema nervioso
_____ **2.** los ovarios	**b)** órgano del sistema excretorio
_____ **3.** la médula espinal	**c)** grupo de órganos que trabajan juntos
_____ **4.** un sistema de órganos	**d)** parte de los sistemas digestivo y respiratorio
_____ **5.** la boca	**e)** órganos del sistema reproductor

¿Qué es el sistema esquelético?

3

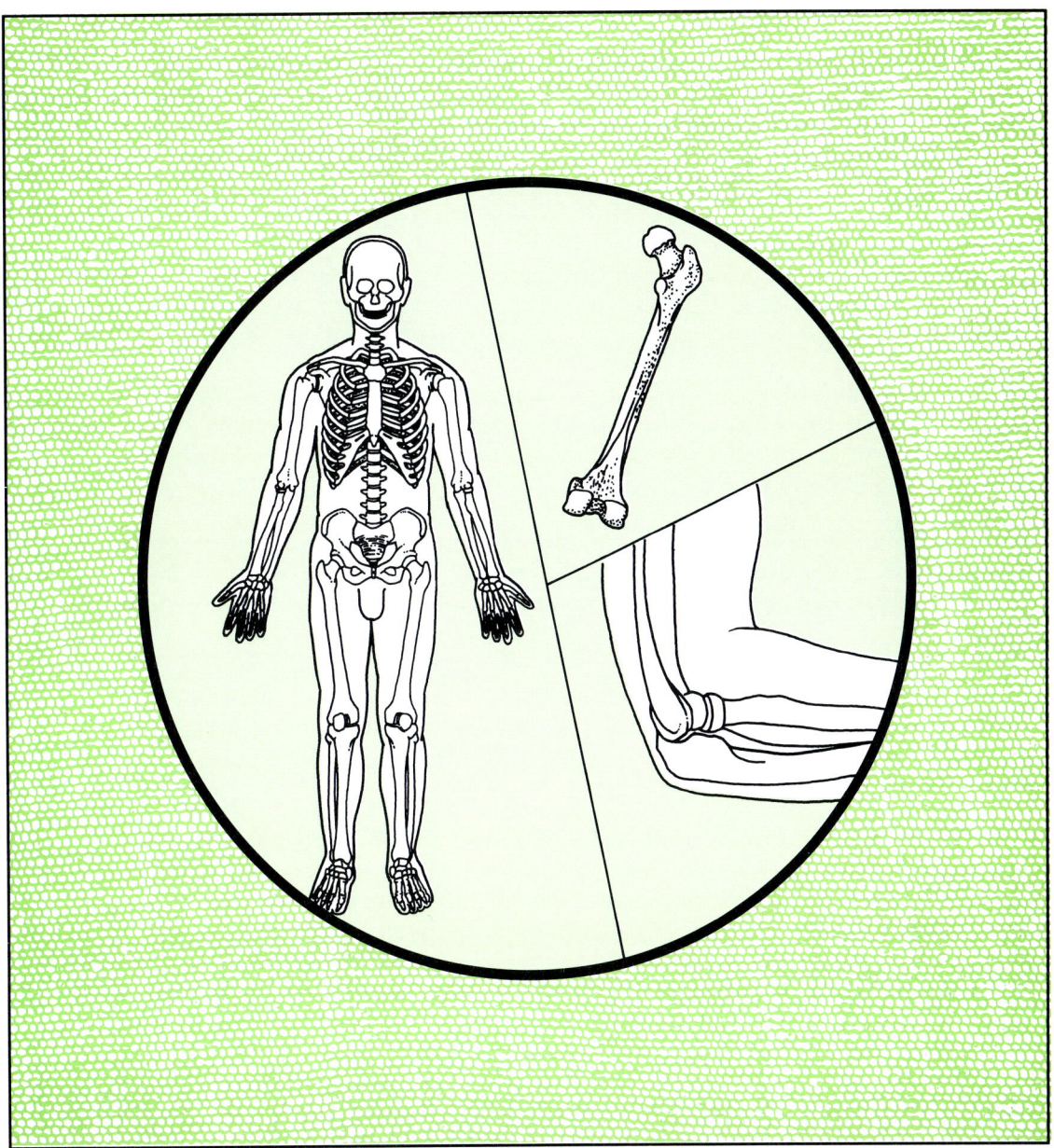

cartílago: tejido conjuntivo fuerte y elástico
articulación: lugar donde se unen dos o más huesos
ligamentos: tejidos que unen huesos con huesos
médula: tejido blando dentro de un hueso que produce los glóbulos (las células) de la sangre

LECCIÓN 3 | ¿Qué es el sistema esquelético?

¿Has visto alguna vez la construcción de una casa? Lo primero que se hace es la armazón. Apoya toda la casa.

Los humanos, y muchos otros animales, también tienen una armazón. Apoya los huesos. Esta armazón es el esqueleto. Algunos animales, tales como los cangrejos y los insectos, tienen un esqueleto duro <u>externo</u> que se llama el <u>dermatoesqueleto</u>. Los humanos, y los otros vertebrados, tienen un esqueleto <u>interno</u>, o sea, un <u>endoesqueleto</u>.

El esqueleto humano consiste principalmente en huesos. También tiene unos tejidos más blandos que se llaman **cartílago**. Los oídos y la punta de la nariz son de cartílago. Apriétalos suavemente. Pueden mover. ¡Así no puedes mover un hueso!

El cartílago también cubre la superficie interior de la mayoría de las **articulaciones**. Una articulación es el lugar donde se unen dos o más huesos. El cartílago en las articulaciones funciona como un amortiguador. Protege los huesos, absorbiendo los choques.

Hay 206 huesos en el esqueleto humano. El esqueleto apoya el cuerpo, pero hace aún más. Por ejemplo, el esqueleto también protege los órganos vitales, permite el movimiento libre y produce los glóbulos rojos y blancos de la sangre.

PROTECCIÓN Piensa en el cuerpo. El cerebro, el corazón y los pulmones son tres de los órganos vitales. Estos órganos están protegidos por los huesos. El cráneo protege el cerebro. Las costillas y el esternón protegen el corazón y los pulmones.

MOVIMIENTO Algunas articulaciones son movibles. Otras articulaciones no son movibles. Por ejemplo, las articulaciones del cráneo no son movibles. Las articulaciones de los brazos, las piernas, las manos y los pies sí son movibles.

La mayoría de las articulaciones se unen con **ligamentos**. Los ligamentos se estiran fácilmente. Esto permite mover los huesos fácilmente. Los huesos y los músculos trabajan juntos para producir movimiento.

PRODUCCIÓN DE GLÓBULOS DE LA SANGRE Por dentro, los huesos tienen canales como tubos. Se llenan de un tejido blando que se llama **médula**. Los glóbulos rojos de la sangre y algunos de los blancos se producen en la médula de los huesos.

EL ESQUELETO HUMANO

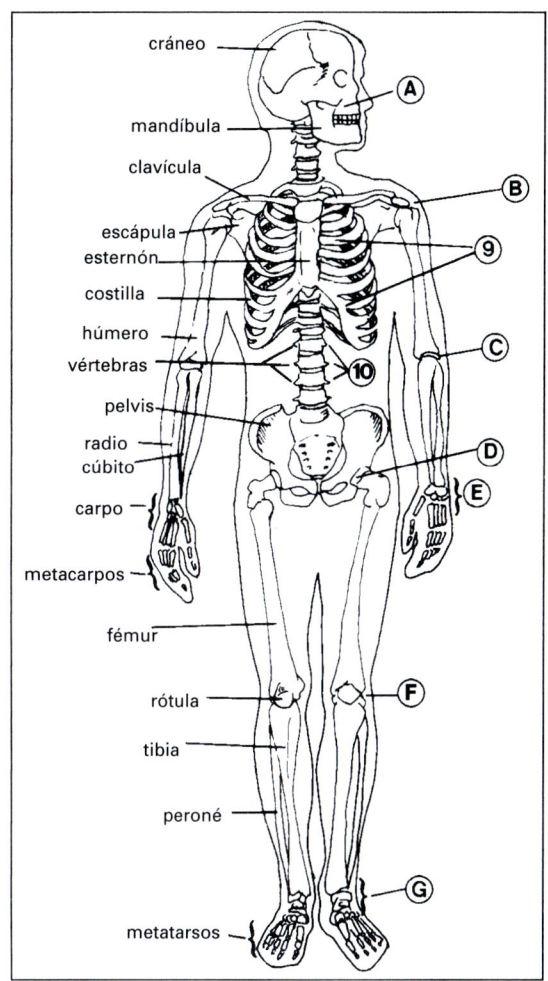

Figura A

En la Figura A se ven muchos de los 206 huesos del esqueleto humano. Estudia el diagrama. Luego, contesta las preguntas.

1. **a)** El esqueleto humano es un esqueleto

   _____.

   interno, externo

   b) ¿Cómo se llama un esqueleto interno?

   _____

2. El esqueleto humano principalmente consiste en un tejido duro de

   _____.

3. **a)** ¿Cuál es el nombre del tejido elástico que forma algunas partes del esqueleto? _____

   b) Nombra dos partes del esqueleto que son de este tejido.

   _____   _____

4. Vuelve a mirar la Figura A. Busca el hueso o los huesos que corresponden a cada parte del cuerpo de la siguiente lista. Escribe el nombre de cada hueso junto al lugar donde se encuentra.

   a) la rodilla _____   **f)** la cadera _____

   b) la espinilla _____   **g)** parte delantera del hombro _____

   c) la cabeza _____   **h)** parte trasera del hombro _____

   d) el pecho _____   **i)** la columna vertebral _____

   e) la quijada _____   **j)** parte superior de la pierna _____

5. ¿Cuáles son los dos huesos que forman la parte inferior de la pierna?_____

6. ¿Cómo se llama el lugar donde se unen dos o más huesos? _____

7. ¿Cuál de los huesos es el más importante para hablar? _____

8. ¿Qué huesos forman la columna vertebral? _____

9. Identifica cada una de estas articulaciones. Escribe la letra de la articulación de la Figura A junto a su descripción.

   a) articulación de la rodilla _____   e) el tobillo _____

   b) el codo _____   f) la articulación de la mandíbula _____

   c) la muñeca _____   g) la articulación de la cadera _____

   d) la articulación del hombro _____

10. El número 9 en la Figura A enseña el cartílago.

    a) ¿A qué huesos une este cartílago? _____

    b) ¿Por qué es necesario que estas partes sean de cartílago? _____
    _____

11. El número 10 del diagrama también enseña el cartílago.

    a) ¿A qué huesos unen estos "discos" de cartílago? _____

    b) ¿Por qué son tan importantes estos discos de cartílago? _____
    _____

LAS ARTICULACIONES

Los huesos se mueven solamente en las articulaciones. Hay tres clases principales de articulaciones en el cuerpo. Son articulaciones fijas, articulaciones parcialmente movibles y articulaciones movibles. Las articulaciones fijas no permiten movimiento alguno. Las articulaciones del cráneo no son movibles. Las articulaciones parcialmente movibles permiten un poco de movimiento. Las articulaciones entre las costillas sólo mueven un poco. Sin embargo, la mayoría de las articulaciones del cuerpo son articulaciones movibles. Hay cuatro clases de articulaciones movibles. Éstas se describen a continuación.

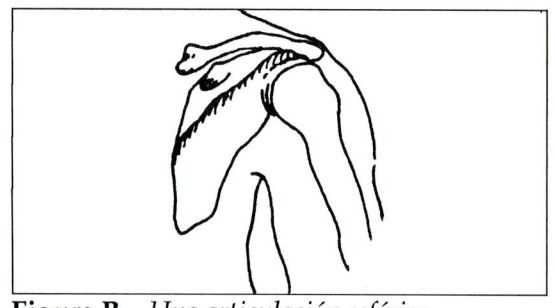

Figura B   *Una articulación esférica.*

Una articulación esférica se puede torcer. Permite movimiento en muchas direcciones. También permite movimientos giratorios. La articulación del hombro es un ejemplo de una articulación esférica.

1. Nombra otra articulación esférica en el cuerpo. _____

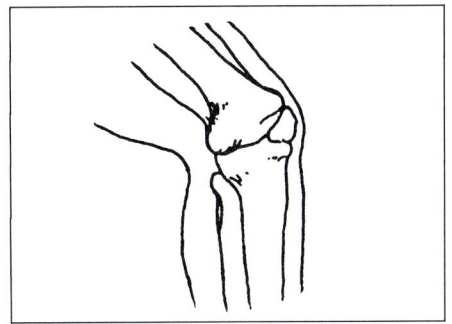

Figura C *Una articulación de bisagra.*

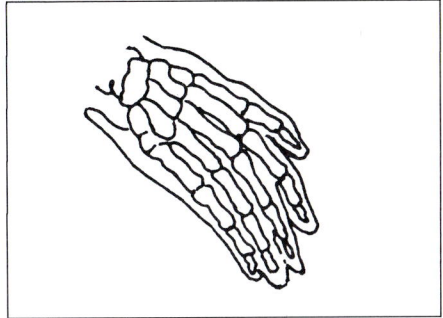

Figura D *Una articulación de deslizamiento.*

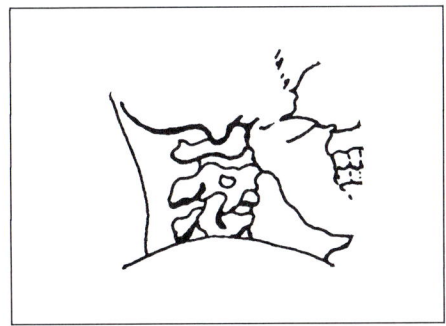

Figura E *Una articulación de giro.*

Una articulación de bisagra puede moverse en sólo una dirección, tal como lo hace la bisagra de una puerta. La rodilla es un ejemplo de una articulación de bisagra.

Dobla el codo.

2. ¿En cuántas direcciones puedes doblar el codo? _____

3. Nombra otra articulación de bisagra en el cuerpo. _____

Una articulación de deslizamiento permite un poco de movimiento en todas las direcciones. La muñeca tiene articulaciones de deslizamiento.

Las articulaciones de giro permiten que los huesos muevan de un lado a otro y de arriba hacia abajo. La articulación entre el cráneo y el cuello es una articulación de giro.

HACER CORRESPONDENCIAS

Empareja cada término de la Columna A con su descripción en la Columna B. Escribe la letra correcta en el espacio en blanco.

Columna A	Columna B
_____ 1. la columna vertebral	a) articulación de bisagra
_____ 2. la articulación del hombro	b) une los huesos movibles
_____ 3. la articulación del codo	c) está constituida de las vértebras
_____ 4. el cartílago	d) llena algunos canales de los huesos
_____ 5. la médula	e) articulación esférica

COMPLETA LA ORACIÓN

Completa cada oración con una palabra o una frase de la lista de abajo. Escribe tus respuestas en los espacios en blanco.

articulación	cráneo	glóbulos de la sangre
huesos	médula espinal	esférica
oídos exteriores	cartílago	esternón
movimiento	ligamentos	protegen
bisagra	interno	nariz
apoyan	costillas	

1. El esqueleto humano es un esqueleto _____ .

2. El esqueleto humano consiste en 206 _____ y cierta cantidad de

   _____ .

3. Los _____ y la punta de la _____ se forman de cartílago .

4. Los huesos tienen cuatro funciones. Los huesos _____ , _____ ,

   permiten _____ y producen los _____ .

5. El cerebro está protegido por los huesos del _____ .

6. El corazón y los pulmones están protegidos por las _____ y el _____ .

7. La columna vertebral encierra y protege la _____ .

8. El punto donde se unen dos huesos se llama una _____ .

9. Dos clases de articulaciones movibles son la articulación de _____ y la articulación _____ .

10. En las articulaciones movibles, los huesos se unen el uno al otro mediante

    _____ .

AMPLÍA TUS CONOCIMIENTOS CON LA INVESTIGACIÓN

No todos los glóbulos blancos de la sangre se producen en la médula de los huesos. Hay otras dos partes del cuerpo que producen los glóbulos blancos. En una enciclopedia u otra fuente, averigua qué son las otras partes del cuerpo que producen los glóbulos blancos de la sangre. (Pista: Los glóbulos blancos de la sangre también se llaman leucocitos.)

_____

_____

¿Qué es el sistema muscular?

4

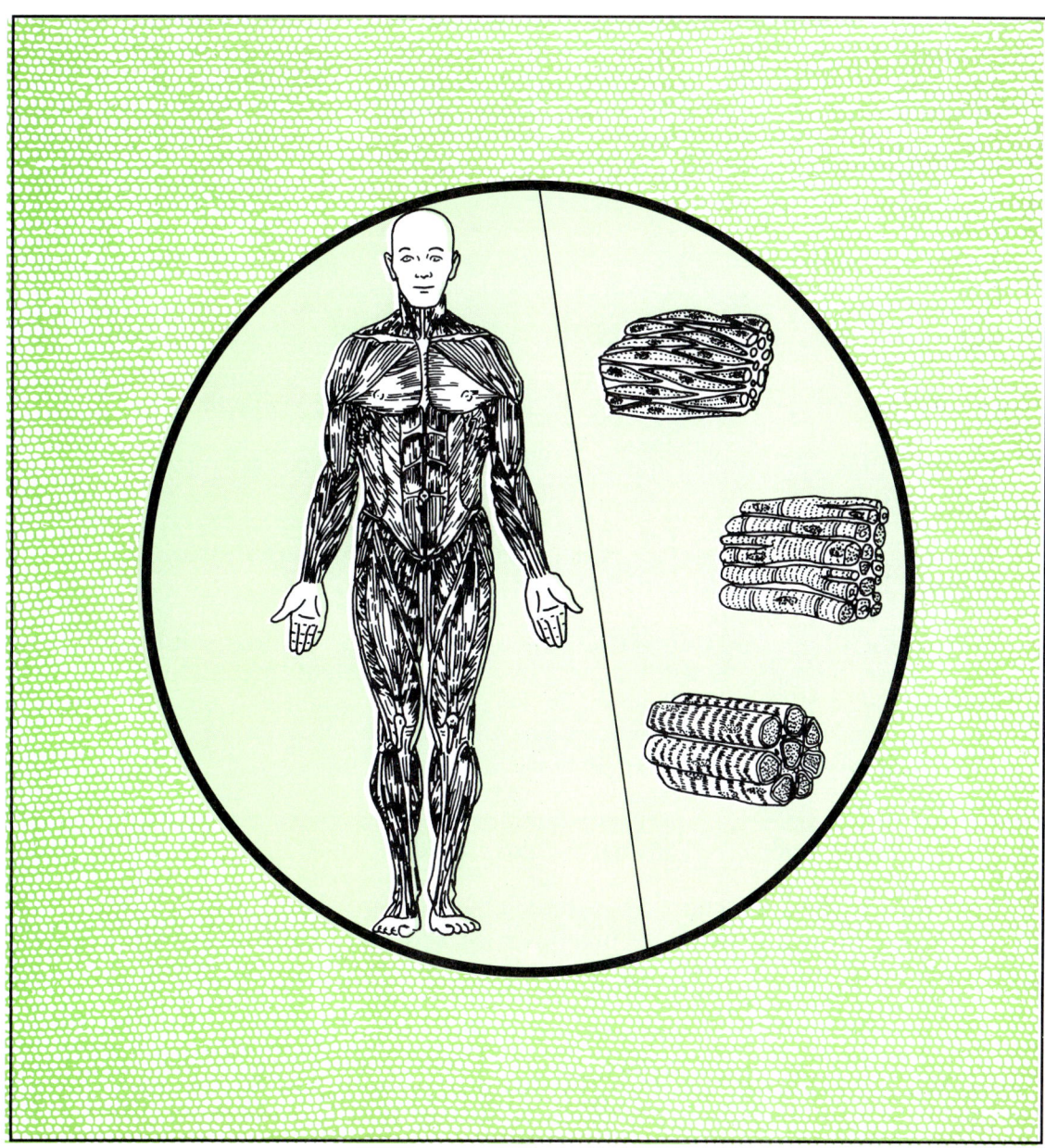

músculo cardíaco: clase de músculo que se encuentra sólo en el corazón
músculo esquelético: músculo ligado al esqueleto que hace posible el movimiento
músculos lisos: músculos que causan movimientos que no se puede controlar

LECCIÓN 4 | ¿Qué es el sistema muscular?

Siempre estás moviéndote. Caminas, hablas, escribes y masticas. Tragas, parpadeas y también guiñas el ojo. Respiras día y noche. El corazón siempre late. En cada momento, los materiales dentro de las células están en movimiento. El movimiento se detiene sólo cuando termine la vida.

Las reacciones químicas causan los movimientos dentro de las células. Los músculos causan todos los otros movimientos.

Tienes más de 600 músculos. Algunos son grandes. Otros son pequeños. Los músculos forman casi la mitad de todo el peso del cuerpo.

Los músculos funcionan al contraerse. Cuando un músculo se contrae, se acorta. Sin los músculos, los huesos no pueden moverse. Cuando un músculo se contrae, TIRA DE un hueso. Esta acción de tirar produce el movimiento.

Los músculos sólo pueden tirar de los huesos. Los músculos no pueden empujar los huesos.

Hay tres tipos principales de músculos: **el músculo esquelético, el músculo liso** y **el músculo cardíaco**.

LOS MÚSCULOS ESQUELÉTICOS Los músculos esqueléticos son los que puedes controlar. Están ligados a los huesos. Se mueven cuando tú quieres que se muevan. Por esta razón, los músculos esqueléticos muchas veces se llaman músculos voluntarios. Los músculos que mueven los brazos y las piernas son ejemplos de músculos esqueléticos.

Con un microscopio, los músculos voluntarios se ven rayados o estriados. Por esta razón, también se llaman músculos estriados.

LOS MÚSCULOS LISOS Los músculos lisos son los músculos que no puedes controlar. Son músculos involuntarios. Los músculos lisos forman las paredes de la mayor parte del aparato digestivo. También se encuentran en los vasos sanguíneos y en otros órganos internos. ¿Cómo crees que se ven los músculos lisos con un microscopio?

EL MÚSCULO CARDÍACO El músculo cardíaco es el músculo del corazón. Con un microscopio, el músculo cardíaco se ve estriado como los músculos voluntarios. Pero, el músculo cardíaco es involuntario. No tienes ningún control sobre el músculo cardíaco.

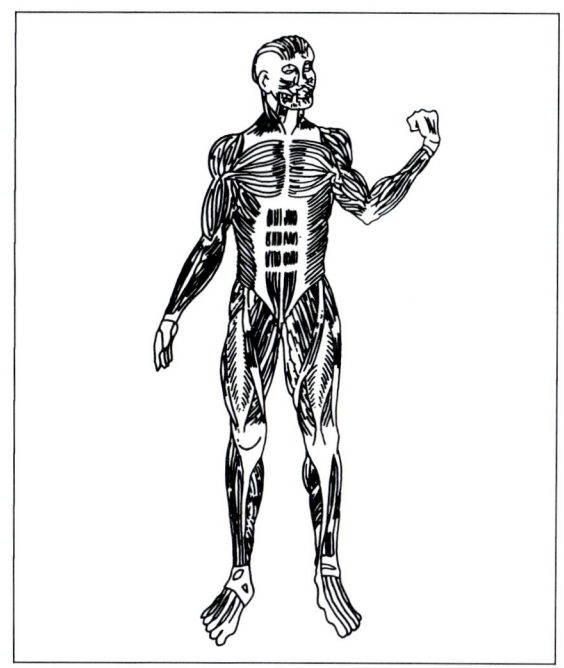

Figura A

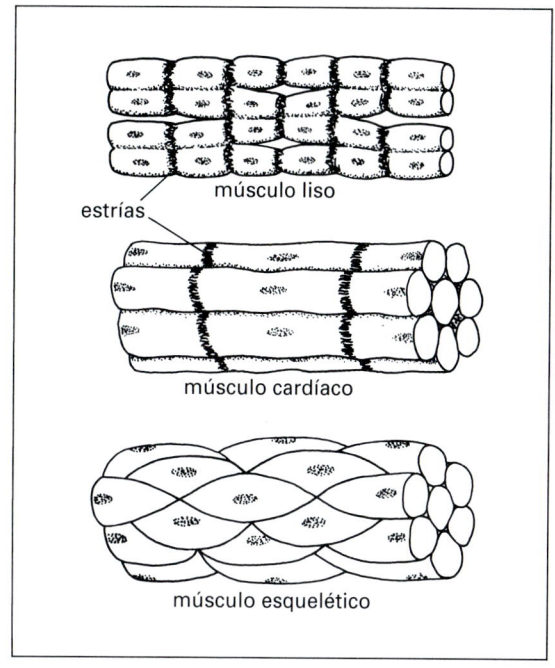

Figura B

Contesta estas preguntas sobre el sistema muscular humano.

1. Aproximadamente, ¿cuántos músculos tiene una persona? _____

2. Nombra los tres tipos principales de músculos. _____ , _____ ,
    _____

3. Los músculos que podemos controlar se llaman músculos _____ .

4. Los músculos que no podemos controlar se llaman músculos _____ .

5. "Cardíaco" quiere decir que es del _____ .

6. El músculo cardíaco es _____ .
    voluntario, involuntario

7. ¿Qué tipo de músculos está ligado a los huesos? _____ .
    voluntario, involuntario

8. Con un microscopio,

    a) los músculos voluntarios y el músculo cardíaco se ven _____ .
    lisos, estriados

    b) los músculos que forman las paredes del aparato digestivo se ven _____ .
    lisos, estriados

9. ¿Qué producen los músculos? _____

10. Los músculos producen movimiento al _____ los huesos.
    empujar, tirar de

21

Los músculos esqueléticos trabajan en pares, o sea, en pareja. Un músculo endereza un hueso en una articulación. El otro músculo dobla la articulación.

Por ejemplo:

• El músculo contraído TIRA o jala para producir movimiento.

• Mientras el músculo contraído está tirando, el otro músculo está RELAJANDO.

Lo tiene que hacer. De otro modo, no habría movimiento.

Vamos a trabajar con dos ejemplos verdaderos. Estudia las Figuras C y D. Luego, contesta las preguntas.

La Figura C muestra algunos de los músculos del brazo. Los músculos que doblan y enderezan el brazo son buenos ejemplos de cómo los músculos trabajan juntos.

1. Nombra los músculos emparejados que doblan el codo.

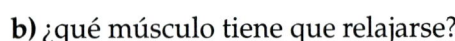

Ahora, piensa bien en estas preguntas.

2. Para doblar el brazo,

   a) ¿qué músculo tiene que contraerse?

   b) ¿qué músculo tiene que relajarse?

3. Para enderezar el brazo,

   a) ¿qué músculo tiene que contraerse?

   b) ¿qué músculo tiene que relajarse?

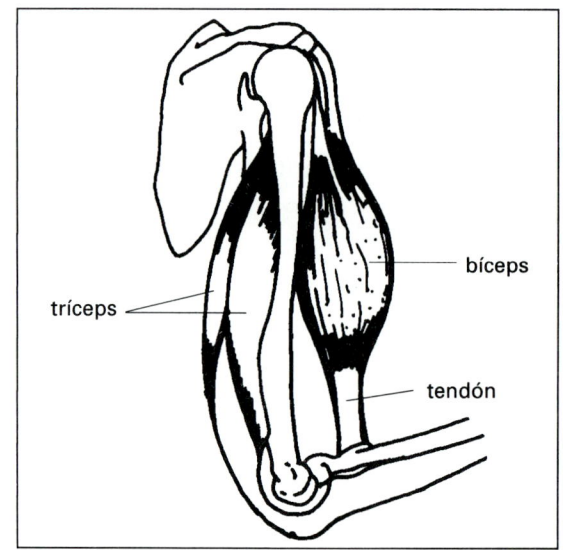

Figura C

4. La mayoría de los músculos esqueléticos están ligados a los huesos con un tejido especial que va entre los dos. Es fuerte y elástico. ¿Cómo se llama este tejido?

La Figura D muestra algunos de los músculos de la pierna.

5. Escribe los nombres comunes de los
   músculos que mueven el tobillo.

   _____ ,

   _____

6. Para doblar el tobillo,

   a) ¿qué músculo tiene que contraerse?

   _____

   b) ¿qué músculo tiene que relajarse?

   _____

7. Para enderezar el tobillo,

   a) ¿qué músculo tiene que contraerse? _____

   b) ¿qué músculo tiene que relajarse?_____

8. ¿Qué tipo de músculo es el de la pantorilla?_____

   esquelético, liso, cardiáco

**músculo
de la
pantorilla**

tendón

**huesos de la
parte inferior de
la pierna**

**músculo de la
espinilla**

tendón

tendón

Figura D

ALGUNOS CONSEJOS SANOS

Los músculos tienen que usarse frecuentemente para mantenerse sanos. El ejercicio regular
y en moderación —y una buena dieta— ayuda a mantener a todos los músculos en buenas
condiciones. Este consejo incluye al corazón.

Figura E

COMPLETA LA ORACIÓN

Completa cada oración con una palabra o una frase de la lista de abajo. Escribe tus respuestas en los espacios en blanco.

cardíaco	huesos	empujar
voluntarios	tirar de	lisos
estriados	músculos	involuntarios
se relaja	se contrae	en parejas
tendones		

1. Los movimientos del cuerpo están causados por los _____ .

2. Los músculos que puedes controlar son los músculos_____ .

3. Los músculos que no puedes controlar son los músculos _____ .

4. Los músculos voluntarios están ligados a los _____ .

5. Los músculos están ligados a los huesos por los _____ .

6. Los músculos esqueléticos y el _____ se ven _____ vistos con un microscopio.

7. Con un microscopio, los músculos digestivos se ven _____ .

8. Los músculos sólo pueden _____ los huesos; no pueden _____ los huesos.

9. Los músculos esqueléticos trabajan _____ .

10. Cuando un músculo esquelético _____ , el otro músculo de la pareja _____ .

HACER CORRESPONDENCIAS

Empareja cada término de la Columna A con su descripción en la Columna B. Escribe la letra correcta en el espacio en blanco.

Columna A

_____ 1. el músculo cardíaco

_____ 2. el músculo liso

_____ 3. el músculo esquelético

_____ 4. estriado

_____ 5. los tendones

Columna B

a) músculo voluntario

b) se encuentra en los vasos sanguíneos

c) rayado

d) músculo del corazón

e) ligan el músculo esquelético a los huesos

¿Qué son los nutrimentos?

5

nutrimento: sustancia química en los alimentos que el cuerpo necesita para el crecimiento, la energía y los procesos de vida

LECCIÓN 5 | ¿Qué son los nutrimentos?

Tienes que comer para sostener la vida. Los alimentos te proporcionan ciertas sustancias químicas importantes: los **nutrimentos.** El cuerpo necesita los nutrimentos para el crecimiento y la energía.

Hay cinco grupos de nutrimentos. La mayoría de los alimentos proporcionan varios nutrimentos. La mayoría de los alimentos, sin embargo, son muy ricos en uno o dos nutrimentos.

Todos los nutrimentos trabajan juntos para mantenerte con buena salud. La vida no puede existir sin estos nutrimentos.

LOS CARBOHIDRATOS
Los carbohidratos proporcionan la energía. Hay dos tipos de carbohidratos: los azúcares y los almidones.

LAS GRASAS
Las grasas también proporcionan la energía. Pero, por lo general, es la energía almacenada. Además, las grasas ayudan a mantener el calor del cuerpo.

LAS PROTEÍNAS
Las proteínas se necesitan para fabricar y reparar los tejidos. Las proteínas también son una parte importante del protoplasma, que es el material viviente de las células.

LAS VITAMINAS
Las vitaminas ayudan a controlar las reacciones químicas dentro del cuerpo. Por ejemplo, las vitaminas controlan la cantidad de energía producida por las células. Las vitaminas también se necesitan para el crecimiento correcto.

LOS MINERALES
Los minerales son importantes para los tejidos sanos. Por ejemplo, los minerales fabrican huesos y dientes fuertes. Los músculos, los nervios y la sangre también necesitan los minerales.

¿DE DÓNDE VIENEN NUESTROS ALIMENTOS?

Algunos animales se alimentan sólo de plantas. Ellos son <u>herbívoros.</u>

Algunos animales se alimentan sólo de carne (es decir, de otros animales). Ellos son <u>carnívoros.</u>

Algunos animales se alimentan de plantas y de carne. Un animal que se alimenta de plantas y de carne (de otros animales) es un <u>omnívoro.</u> Los osos, los ratones y las aves son ejemplos de omnívoros. Los seres humanos también lo son.

Piensa en todas las cosas que comes. ¿Te alimentas sólo de plantas? ¿Te alimentas sólo de carne? Es probable que no. Obtienes tus nutrimentos tanto de las plantas como de otros animales.

En la tabla que sigue hay diez alimentos comunes. Algunos de estos alimentos provienen sólo de plantas. Otros provienen sólo de animales. Aún otros son combinaciones de productos vegetales y de productos de animales. Decide tú de dónde proviene cada alimento.

COMPLETA LA TABLA

*Escribe una **P** al lado de los alimentos que provienen de plantas. Escribe una **A** al lado de los que provienen de animales. Escribe **P/A** para los alimentos que son combinaciones de plantas y de animales. Luego, completa la tercera columna acerca de cada alimento.*

	ALIMENTO	P, A o P/A	¿Comes este alimento?
1.	pan		
2.	maíz		
3.	chuletas de cordero		
4.	sopa de almejas		
5.	bistéc		
6.	tortitas o panqueques		
7.	guisado de res		
8.	leche		
9.	huevos		
10.	ensalada de atún		

Contesta estas preguntas.

1. ¿Se alimentan las personas sólo de plantas?_____

2. ¿Se alimentan las personas sólo de animales?_____

3. ¿Cómo llamamos a un animal que se alimenta tanto de plantas como de animales?

_____

LA IMPORTANCIA DEL AGUA

Acabas de aprender que los nutrimentos son muy importantes. Otra sustancia también es esencial para la vida. Es el agua. En realidad, el agua es una de las sustancias más importantes. Puedes vivir unos cuantos meses sin los alimentos. Pero puedes vivir solamente unos días sin agua. ¿Por qué es tan importante el agua?

• Nuestras células consisten principalmente en agua.

• Los procesos de vida no pueden ocurrir sin agua.

¿Cómo obtienes el agua? Claro que la puedes beber, pero todos los alimentos también contienen agua. Algunos alimentos tienen una gran cantidad de agua. Otros sólo tienen un poquito de agua. Podemos averiguar si un alimento contiene agua al hacer una prueba sencilla.

HACIENDO LA PRUEBA PARA EL AGUA

Lo que necesitas (los materiales)

un tubo de ensayo y una grapa (agarradera)
alimentos para probar (trozos de frutas o
   verduras o cualquier otro alimento)
un mechero Bunsen

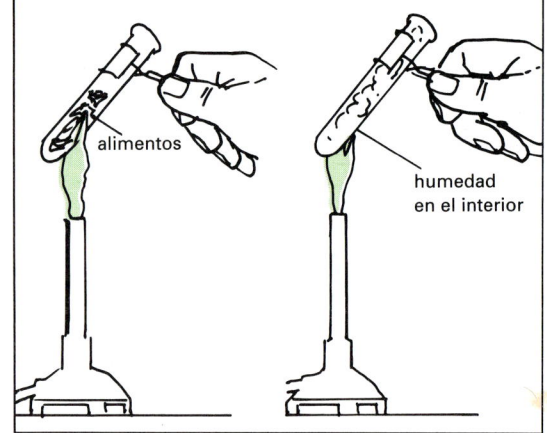

Cómo hacer el experimento (el procedimiento)

1) Mete el alimento en el tubo de ensayo.

2) Caliéntalo con cuidado. Recuerda sostener el tubo en dirección opuesta a tu cuerpo.

La humedad en el interior del tubo de ensayo hacia la parte de arriba quiere decir que el alimento contiene agua.

Lo que aprendiste (las observaciones)

Figura A

1. ¿Había humedad en el interior del tubo? _____

2. ¿Crees que la humedad vino del alimento o del aire? _____

Algo en que pensar (las conclusiones)

¿Contienen agua los alimentos que probaste? _____

La gráfica que sigue muestra, de porcentaje, cuánta agua hay dentro de algunos alimentos. Estudia la gráfica unos minutos. Luego, contesta las preguntas.

PORCENTAJE DE AGUA EN LOS ALIMENTOS

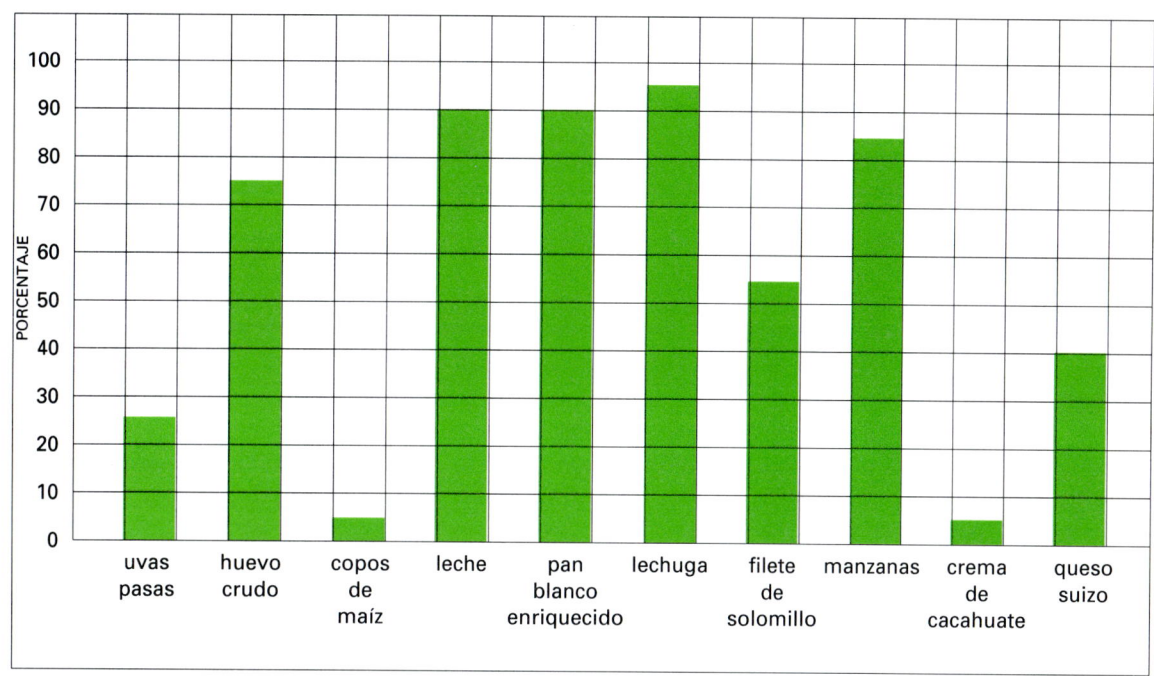

1. ¿Qué porcentaje de agua contiene cada uno de los siguientes alimentos?

   a) uvas pasas _____   **f)** lechuga _____

   b) huevo crudo _____   **g)** filete de solomillo _____

   c) copos de maíz _____   **h)** manzanas _____

   d) leche _____   **i)** crema de cacahuate

   _____

   e) pan blanco enriquecido _____   **j)** queso suizo _____

2. ¿Cuál de estos alimentos contiene la mayor cantidad de agua? _____

3. ¿Cuál de estos alimentos contiene la menor cantidad de agua? _____

Figura B

Figura C

Cada alimento que viene en paquetes (en latas, en cajas o en bolsas congeladas) tiene una etiqueta. ¡Es la ley! En la etiqueta hay una lista de los ingredientes en el alimento. Los ingredientes están ordenados por cantidades. El ingrediente que se encuentra en la mayor cantidad viene primero. El que se encuentra en la menor cantidad está al final.

Los contenidos principales de un cereal preferido están en la lista de abajo. Fíjate en la etiqueta. Luego, contesta las preguntas.

INGREDIENTES

maíz, azúcar, sal, extracto de maíz, condimento de malta

Figura D

1. El ingrediente que se encuentra en la mayor cantidad es _____.

2. El ingrediente que se encuentra en la menor cantidad es _____.

3. A la gente este cereal tiene buen sabor.

   a) ¿Por qué crees que a muchas personas les gusta el sabor?

   _____

   b) ¿Crees que este cereal es bueno para la salud?_____
   sí, no

   ¿Por qué? _____

¿Qué son los carbohidratos, las grasas y las proteínas?

6

aminoácido: elemento básico que se necesita para fabricar las proteínas
carbohidrato: nutrimento que proporciona la energía
grasa: nutrimento que almacena la energía
proteína: nutrimento que se necesita para fabricar y reparar las células

LECCIÓN 6 | ¿Qué son los carbohidratos, las grasas y las proteínas?

LOS CARBOHIDRATOS

Haz una lista de los alimentos que comes en un día. Es probable que casi la mitad de tu dieta consiste en los **carbohidratos**. Por lo general, es lo que come la mayoría de los estadounidenses.

¿Qué son los carbohidratos? Los carbohidratos son compuestos químicos. Consisten en solamente el carbono, el hidrógeno y el oxígeno —en determinadas proporciones (cantidades equilibradas).

Hay dos grupos de carbohidratos: los almidones y los azúcares. Los almidones y los azúcares son alimentos que dan energía. Durante la digestión, los almidones y los azúcares dobles se convierten en glucosa. La glucosa es el azúcar simple que los cuerpos "queman" durante la respiración. Este proceso nos proporciona la energía que necesitamos para llevar a cabo los procesos de vida.

LAS GRASAS

Iguales a los carbohidratos, las **grasas** son nutrimentos que dan energía. En realidad, las grasas proporcionan más del doble de la energía que proporciona un peso igual de carbohidratos.

Las grasas pueden ser sólidas o líquidas. Las grasas sólidas provienen principalmente de los animales. Las grasas líquidas se llaman **aceites**.

Las grasas son muy importantes. Protegen el cuerpo, absorbiendo choques, y lo dan forma. Las membranas de las células contienen grasa.

El cuerpo contiene tejido de grasa. Se almacenan nutrimentos importantes en este tejido. La grasa también ayuda a proteger el cuerpo contra el frío.

LAS PROTEÍNAS

Las proteínas son como los "ladrillos para la construcción" de toda clase de materia viva.

El cuerpo utiliza las proteínas de muchas formas. Los dos usos más importantes de las proteínas son

- la fabricación de nuevas células y
- la reparación de las células dañadas.

¿Qué es la composición química de las proteínas? Las proteínas contienen átomos de carbono, hidrógeno, oxígeno y nitrógeno. Algunas proteínas también contienen azufre y fósforo.

HACER UNA PRUEBA PARA EL AZÚCAR SIMPLE

Lo que necesitas (los materiales)

pedacitos de manzana (u otra fruta)
la solución de Benedict
un tubo de ensayo y una grapa (agarradera)
un mechero Bunsen

Cómo hacer la prueba (el procedimiento)

1) Mete unos pedacitos de manzana en el tubo de ensayo.

2) Añade la solución de Benedict (llena casi un tercio del tubo de ensayo).

3) Coloca el tubo de ensayo encima de la llama para que el fondo del tubo esté apenas tocando la llama. Sosten el tubo en dirección opuesta a tu cuerpo.

4) Hierve la mezcla por casi un minuto. ¡TEN MUCHO CUIDADO!

Si la solución de Benedict se vuelve un color anaranjado o rojo como ladrillo, entonces hay azúcar simple presente. Si se vuelve un color anaranjado más oscuro, entonces hay mucho azúcar simple. Un color de verde claro quiere decir que hay muy poco azúcar.

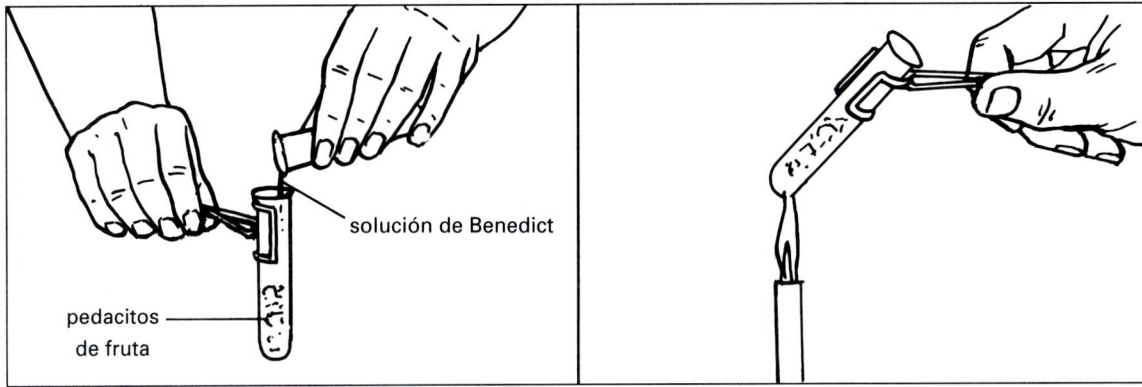

solución de Benedict

pedacitos de fruta

Figura A   **Figura B**

Lo que aprendiste (las observaciones)

Contesta las siguientes preguntas sobre la prueba para el azúcar.

1. ¿Cambió de color la mezcla? _____

2. ¿De qué color se hizo la mezcla? _____

_____

3. ¿Tiene azúcar simple la fruta que probaste? _____

4. ¿Cómo se llama la sustancia química especial que utilizaste para probar para el azúcar simple? _____

HACER UNA PRUEBA PARA EL ALMIDÓN

Lo que necesitas (los materiales)

un trozo de pan o de una papa
el yodo o la solución de Lugol
un cuentagotas (una gotera)

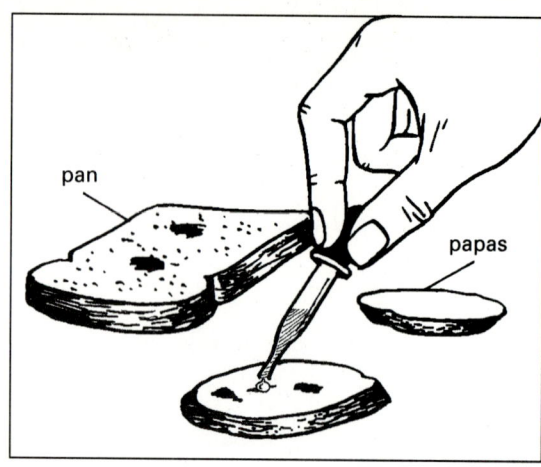

Cómo hacer la prueba (el procedimiento)

1. Echa una gota de yodo o de la solución de Lugol en el alimento. El alimento se volverá un color negro azulado si contiene el almidón.

Lo que aprendiste (las observaciones)

Contesta las siguientes preguntas sobre la prueba para el almidón.

Figura C

1. ¿Cambió al color negro azulado el pan o la papa? _____

2. ¿Contiene almidón el pan o la papa? _____

3. ¿Qué líquido utilizaste para hacer la prueba para el almidón? _____

HACER UNA PRUEBA PARA LAS GRASAS

Lo que necesitas (los materiales)

mantequilla (o margarina)
un pedazo de papel de envuelto de color
  café oscuro

Cómo hacer la prueba (el procedimiento)

1. Pon una pequeña cantidad de mantequilla en el papel y frótala. La grasa hace una mancha en el papel. La luz puede pasar por el papel en esta parte. El aceite hace que el papel sea translúcido.

Lo que aprendiste (las observaciones)

Figura D

Contesta estas preguntas sobre la prueba para la grasa o el aceite.

1. ¿Hizo una mancha en el papel la mantequilla (o la margarina)? _____

2. ¿El aceite causó que el papel se pusiera translúcido? _____

3. ¿Contiene aceite el material que probaste? _____

MÁS SOBRE LAS PROTEÍNAS

Las proteínas se constituyen de compuestos más pequeños que se llaman **aminoácidos**. Los aminoácidos pueden ligarse de muchas maneras distintas. Por esta razón, hay muchas clases de proteínas.

El cuerpo utiliza veinte aminoácidos diferentes. Puede producir doce de ellos. Los ocho que quedan tienen que venir de los alimentos.

• Cuando se digieren las proteínas, los aminoácidos se apartan el uno del otro.

• La sangre transporta los aminoácidos a las células. Las células vuelven a componer los aminoácidos. Vuelven a hacerse proteínas.

Hay miles de proteínas diferentes. Distintas células necesitan distintas clases de proteínas. Cada célula "hace a la medida" las proteínas que necesita.

Las proteínas son moléculas gigantescas. Son muy complicadas. ¡Una sola molécula de proteína puede contener como cien mil aminoácidos! Esto es muy grande con respecto a las moléculas. Sin embargo, una proteína sigue siendo muy pequeña. No puedes ver una molécula de proteína ni siquiera con el microscopio más potente.

CÓMO EL CUERPO FABRICA PROTEÍNAS

Mira las Figuras E y F a continuación y lee los párrafos correspondientes. Luego, contesta las preguntas de 1 a 7 en la página siguiente.

Cada una de estas formas representa un aminoácido. Hay veinte aminoácidos diferentes.

Los aminoácidos se ligan para formar proteínas. Los diferentes tipos de vínculos crean diferentes tipos de proteínas.

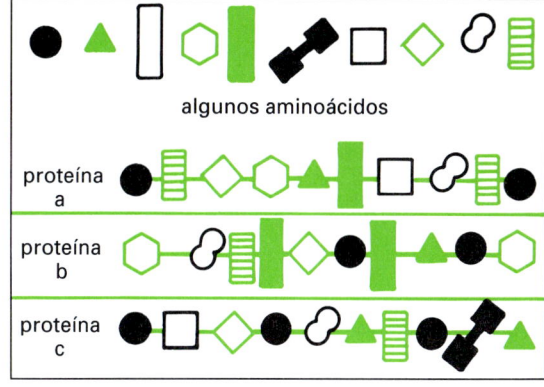

Figura E

1. Los alimentos contienen proteínas. Nosotros comemos los alimentos.

2. La digestión descompone los aminoácidos en la proteína del alimento. La sangre transporta los aminoácidos a cada célula del cuerpo.

3. Las células vuelven a componer los aminoácidos. Vuelven a hacerse proteínas. Las células también fabrican los aminoácidos producidos por el cuerpo.

El cuerpo necesita miles de diferentes clases de proteínas. Cada célula fabrica las clases de proteínas que necesita.

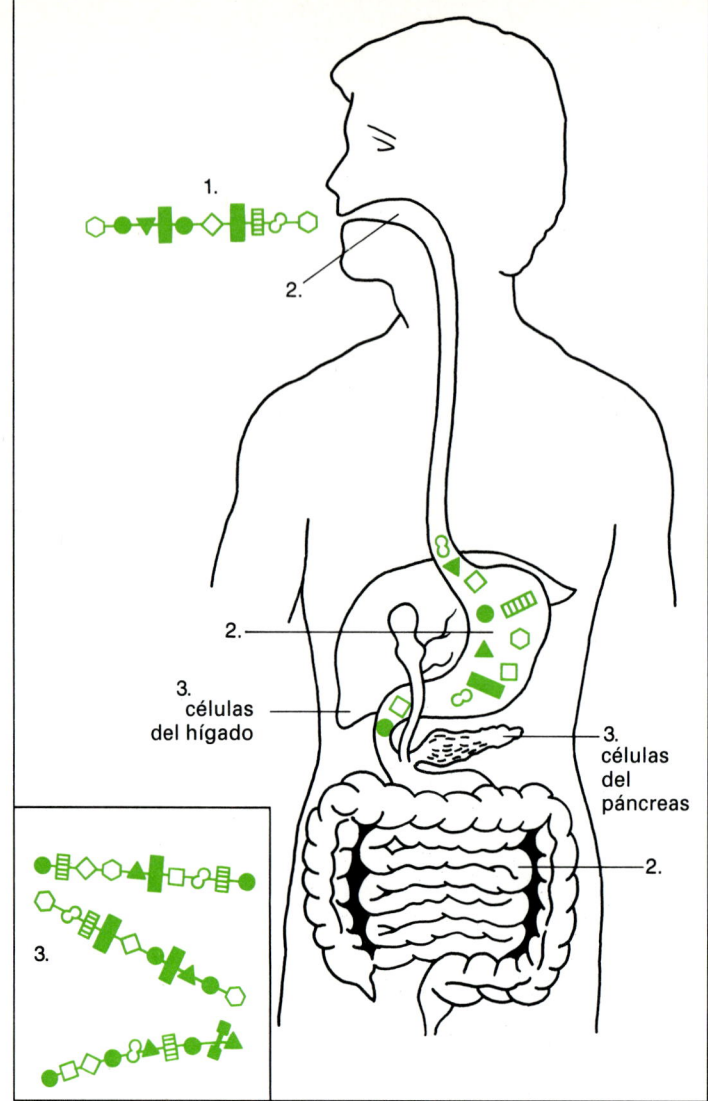

Figura F

CONTESTA ESTAS PREGUNTAS

1. ¿Cuántos tipos de aminoácidos hay? _____

2. ¿Qué se forma cuando los aminoácidos se ligan? _____

3. ¿Cómo obtenemos las proteínas? _____

4. ¿Qué hace la digestión a las proteínas que comemos? _____
    _____

5. ¿Cómo llegan los aminoácidos a las células en todas las partes del cuerpo?
    _____

6. ¿Qué hacen las células con los aminoácidos? _____

COMPLETA LA ORACIÓN

Completa cada oración con una palabra o una frase de la lista de abajo. Escribe tus respuestas en los espacios en blanco.

digestión	oxígeno	doce
hidrógeno	veinte	almidones
aminoácidos	azúcares	carbono
ocho	respiración	doble
líquidos		

1. Los carbohidratos son compuestos formados solamente por _____ ,

   _____ y _____ .

2. Los dos tipos de carbohidratos son los _____ y los_____ .

3. Cuando una célula "quema" un "carburante" para obtener la energía, el proceso se llama la _____ .

4. Las grasas proporcionan más del _____ de la cantidad de energía que los carbohidratos.

5. Los aceites son _____ a la temperatura del ambiente.

6. Las proteínas se forman de las sustancias químicas ligadas que se llaman

   _____ .

7. El número de aminoácidos es_____ .

8. El número de aminoácidos que el cuerpo puede fabricar es_____ .

9. El número de aminoácidos que debemos obtener de los alimentos es_____ .

10. Las proteínas se descomponen en aminoácidos durante la _____ .

HACER CORRESPONDENCIAS

Empareja cada término de la Columna A con su descripción en la Columna B. Escribe la letra correcta en el espacio en blanco.

Columna A

_____ 1. la glucosa

_____ 2. ocho aminoácidos

_____ 3. reparar y fabricar células

_____ 4. los aceites

_____ 5. protegen absorbiendo choques, dan protección contra el frío y dan forma

Columna B

a) grasas líquidas

b) grasas

c) azúcar simple

d) el cuerpo no los puede hacer

e) las funciones principales de las proteínas

CIENCIA *EXTRA*

Para leer las etiquetas en los alimentos

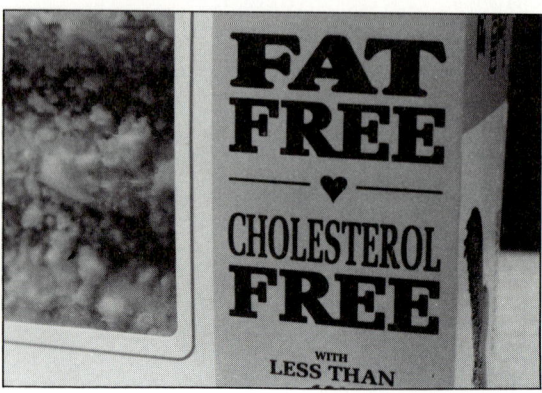

¿Crees que hoy en día tienes que ser adivinador para poder comprender las etiquetas en los envases de alimentos o las declaraciones que se hacen de ciertos alimentos? En muchos casos, sí. Algunas etiquetas sí engañan.

Por ejemplo, en algunos alimentos se dice que son *"light"*. Pero, exactamente, ¿qué significa? Para muchos consumidores, *"light"* quiere decir "de pocas calorías". Pero en algunas etiquetas, ¡*"light"* ("claro") se refiere solamente al color!

Las palabras "libre de azúcar" o "sin azúcar" las ponen en muchas etiquetas. Se puede creer que no hay nada de azúcar en el alimento. Pero no es el caso necesariamente. El producto puede contener almíbar de maíz, que es otro nombre para el azúcar. Aún otros nombres para el azúcar son miel, sacarosa, fructosa y dulcificantes naturales.

"Bajo en sal" y "libre de sal" son otras frases en las etiquetas. Estos alimentos sí tienen bajos niveles de sal de mesa (NaCl), pero pueden contener sodio. El sodio es el elemento que te hace daño en la sal.

Las compañías de productos alimenticios quieren que compres sus productos. Está bien. Está bien que los anuncios sean llamativos. Pero no está bien que engañen ni que hagan declaraciones falsas. Unas compañías ligan sus productos con la prevención de ciertas enfermedades. Declaraciones engañosas y hasta mentirosas te cuestan dinero y perjudican tu salud.

En octubre de 1989, el congreso promulgó una ley general sobre la verdad en los envases. Ésta manda que los fabricantes y los abastecedores de alimentos den más información sobre sus productos. También les prohíbe hacer declaraciones falsas sobre los beneficios para la salud. Se establecerán reglas para términos como *"light"*, "bajo en grasa", "calorías reducidas" y "alto en contenido fibroso". Las etiquetas tendrán que enumerar todos los datos sobre las calorías, las vitaminas y los minerales. También deben tener datos del número de calorías derivadas de distintas fuentes, tales como las grasas y el colesterol. Las reglas tendrán vigor en el año 1993. Hasta entonces, debes leer bien los ingredientes en los envases.

¿Qué son las vitaminas y los minerales?

7

mineral: nutrimento que el cuerpo necesita para desarrollarse adecuadamente

vitamina: nutrimento que se encuentra naturalmente en muchos alimentos

LECCIÓN 7 | ¿Qué son las vitaminas y los minerales?

Todavía no hemos explorado otros dos nutrimentos que el cuerpo necesita para realizar los procesos de vida. Estos nutrimentos son las **vitaminas** y los **minerales.** El cuerpo necesita pequeñas cantidades de vitaminas y minerales para que poder funcionar bien. Así que, ¿qué son las vitaminas y los minerales?

LAS VITAMINAS Las vitaminas son nutrimentos que se encuentran naturalmente en muchos alimentos. La mayoría de las vitaminas que el cuerpo necesita se encuentran en los alimentos. Sin embargo, hay dos vitaminas que se producen dentro del cuerpo: la vitamina D y la vitamina K.

Las vitaminas son importantes para

• mantener el crecimiento adecuado.

• ayudar a mantener fuertes los huesos y los dientes.

• ayudar a mantener sanos los músculos y los nervios.

• ayudar a convertir los carbohidratos y las grasas en energía.

LOS MINERALES El cuerpo necesita los nutrimentos de los minerales para poder desarrollarse bien. Necesitas grandes cantidades de algunos minerales. Necesitas pequeñas cantidades de otros minerales. Cada mineral tiene una función diferente. Por ejemplo:

• Se necesita el hierro para hacer los glóbulos rojos de la sangre.

• Se necesitan el calcio y el fósforo para mantener fuertes los huesos y los dientes.

• Se necesita el sodio para los músculos y los nervios sanos.

• Se necesita el cloro para producir una enzima necesaria para la digestión.

• Se necesita el yodo para controlar el crecimiento del cuerpo.

Si el cuerpo no recibe cantidades suficientes de las vitaminas y los minerales que necesita, puede sufrir de una enfermedad de carencia. Vas a aprender más sobre las vitaminas, los minerales y las enfermedades de carencia en otra parte de esta lección.

MÁS SOBRE LAS VITAMINAS

Las vitaminas son esenciales para la buena salud. La mayoría de los alimentos contienen varias vitaminas. Pero algunos son muy ricos en una vitamina o más. Aquí se ven seis grupos de alimentos. Los alimentos en cada grupo contienen una abundancia de una vitamina en especial.

Figura A *Fuentes importantes de la vitamina A.*

Figura B *Fuentes importantes de la vitamina C.*

Figura C *Fuentes importantes de la vitamina B.*

Figura D *Fuentes importantes de la vitamina D.*

Figura E *Fuentes importantes de la vitamina K.*

Figura F *Fuentes importantes de la vitamina E.*

ENFERMEDADES DE CARENCIA DE VITAMINAS

El cuerpo necesita pequeñas cantidades de vitaminas cada día. Si no recibes lo suficiente de una vitamina en particular, puedes sufrir de una enfermedad de carencia. La ceguera nocturna resulta de una carencia de la vitamina A. Mira la tabla para leer más sobre las otras enfermedades de carencia de vitaminas.

VITAMINA	FUNCIÓN EN EL CUERPO	FUENTES	ENFERMEDAD DE CARENCIA
A	piel y ojos sanos, capacidad para ver en la oscuridad, huesos y dientes sanos	verduras de color anaranjado y de color verde oscuro, huevos, frutas, hígado, leche	ceguera nocturna
B_1, la tiamina	nervios, piel y ojos sanos; ayuda al cuerpo a sacar la energía de los carbohidratos	hígado, cerdo, alimentos de granos enteros	beriberi
B_2, la riboflavina	nervios, piel y ojos sanos; ayuda al cuerpo a obtener la energía de los carbohidratos, las grasas y las proteínas	huevos, verduras, leche	enfermedades de la piel
B_3, la niacina	trabaja con las otras vitaminas B para sacar la energía de los nutrimentos en las células	frijoles, pollo, huevos, atún	pelagra
C	huesos, dientes y vasos sanguíneos sanos	frutas cítricas, verduras de color verde oscuro	escorbuto
D	huesos y dientes sanos; ayuda al cuerpo a utilizar el calcio	huevos, leche, producida por la piel bajo la luz del sol	raquitismo
E	sangre y músculos sanos	verduras frondosas, aceite de vegetales	ninguno que se sepa
K	coagulación normal de la sangre	verduras, tomates	mala coagulación de la sangre

MÁS SOBRE LOS MINERALES

Observa la tabla de abajo. Hay una lista de los minerales, su importancia, los alimentos en que se encuentran y los síntomas de una enfermedad de carencia.

Figura G *Alimentos ricos en potasio.*

Figura H *Alimentos ricos en magnesio.*

MINERAL	FUNCIONES	FUENTES	SÍNTOMAS DE CARENCIA
calcio	hace huesos y dientes	leche y productos lácteos, pescado enlatado, verduras y hortalizas frondosas	huesos blandos malos dientes
fósforo	hace huesos y dientes	carne roja, pescado, huevos, productos lácteos, pollo	ninguno que se sepa
hierro	hace glóbulos rojos de la sangre	carne roja, granos enteros, hígado, yema de huevo, nueces, verduras y hortalizas frondosas	anemia (palidez, debilidad, cansancio)
sodio	ayuda a mantener sanos los músculos y los nervios	sal para la mesa, se encuentra naturalmente en alimentos	ninguno que se sepa
yodo	usado para hacer una sustancia química que controla la oxidación	mariscos, sal yodada	bocio
potasio	ayuda a mantener sanos los músculos y los nervios	bananas, naranjas, carne, granos	pérdida de agua de las células, problemas del corazón, alta presión de la sangre
magnesio	huesos y músculos fuertes, acción de los nervios	nueces, granos enteros, verduras y hortalizas frondosas	ninguno que se sepa
cinc	formación de enzimas	leche, huevos, mariscos, granos enteros	ninguno que se sepa

43

Contesta cada una de las preguntas. Refiérete a las tablas para buscar las respuestas. Busca con cuidado y ten paciencia y encontrarás todas las respuestas correctas. Pero ten en cuenta que simulamos aquí. En casos verdaderos, nunca debes hacer un diagnóstico ni tratar un problema de salud por tu propia cuenta. ¡Siempre consulta a un médico!

1. Jaime siempre está cansado. Le falta energía y se ve muy pálido.

   a) ¿Qué enfermedad de carencia de minerales puede tener Jaime?

   _____

   b) ¿Qué mineral le puede faltar a

   Jaime?_____

   c) ¿Qué alimento o alimentos le pueden ayudar con este problema?

   _____

Figura I

2. Ana también se siente perezosa y cansada. Además, tiene poco apetito. A veces se le dan calambres en los músculos.

   a) ¿Qué enfermedad de carencia de vitaminas puede tener Ana?

   _____

   b) ¿Cuál de las vitaminas le falta a ella

   que puede causar el problema?_____

   c) ¿Qué alimento o alimentos le pueden ayudar con este problema?

   _____

Figura J

3. Es un día soleado. Tomás entra en el cine. Tropieza con todo mientras busca un asiento. Todo se ve muy oscuro por varios minutos.

   a) ¿De qué enfermedad de carencia de vitaminas puede sufrir Tomás?

   _____

   b) ¿Qué nutrimento le puede faltar en su dieta?_____

   c) ¿Qué alimentos debe comer Tomás para resolver este problema?_____

   _____

HACER CORRESPONDENCIAS

Empareja cada vitamina con la enfermedad de carencia con que más se asocia. Escribe la letra correcta en el espacio en blanco.

Enfermedad de carencia	Vitamina
_____ **1.** ceguera nocturna	**a.** vitamina D
_____ **2.** beriberi	**b.** vitamina C
_____ **3.** escorbuto	**c.** vitamina A
_____ **4.** pelagra	**d.** vitamina B_3
_____ **5.** raquitismo	**e.** vitamina B_1
_____ **6.** enfermedades de la piel	**f.** vitamina B_2

COMPLETA LA TABLA

Completa la tabla. Puedes escribir el nombre de más de un mineral en la columna a la derecha.

	Función	Mineral(es)
1.	Hace huesos y dientes fuertes	
2.	Ayuda a mantener sanos los músculos y los nervios	
3.	La producción de glóbulos rojos de la sangre	
4.	Produce una sustancia química que controla la oxidación	
5.	Formación de enzimas	

COMPLETA LA ORACIÓN

Completa cada oración con una palabra o una frase de la lista de abajo. Escribe tus respuestas en los espacios en blanco. Se pueden usar algunas palabras más de una vez.

ceguera nocturna	yodo	vitaminas
raquitismo	K	enfermedad de carencia
hierro	D	músculos
nervios	minerales	

1. Los nutrimentos que se encuentran naturalmente en los alimentos son las

    _____ .

2. Una _____ está causada por una dieta que no tiene un

    nutrimento en particular.

3. Un ejemplo de una enfermedad de carencia que causa los huesos blandos es

    _____ .

4. La anemia puede resultar de muy poco _____ .

5. El sodio se necesita para los _____ y los _____ sanos.

6. Los _____ se necesitan en el cuerpo para el desarrollo adecuado.

7. Dos vitaminas que el cuerpo puede producir son la _____ y la _____ .

8. Si la sangre no se coagula correctamente, es posible que sufras de una carencia de

    la vitamina _____ .

9. Los mariscos y la sal yodada son buenas fuentes del mineral de _____ .

10. La carencia de la vitamina A puede resultar en la _____ .

AMPLÍA TUS CONOCIMIENTOS

Un hombre consulta con su médico. Tiene síntomas de huesos débiles y dientes débiles. El médico sospecha que la dieta del paciente no le proporciona suficiente calcio y fósforo. Sin embargo, las pruebas indican un nivel normal de cada uno de estos nutrimentos. ¿Qué vitaminas le pueden faltar a este hombre?

_____

¿Qué es una dieta equilibrada?

8

LECCIÓN 8

¿Qué es una dieta equilibrada?

Muchas personas comen demasiado. Sin embargo, no se alimentan bien. El hecho de comer mucho no siempre quiere decir que estemos comiendo correctamente.

Una dieta tiene que estar equilibrada. Una dieta equilibrada nos proporciona las cantidades apropiadas de todos los nutrimentos. Puedes planear una dieta equilibrada al incluir comida de los cuatro grupos básicos de alimentos. Todos los alimentos se clasifican en los cuatro grupos. Estos grupos son:

EL GRUPO DE PRODUCTOS LÁCTEOS
Este grupo incluye la leche y los productos lácteos (hechos de leche). El queso, la mantequilla y el yogur son ejemplos de productos lácteos.

EL GRUPO DE PAN Y CEREALES
Este grupo incluye los productos de granos enteros o de granos enriquecidos. El pan, los cereales, el arroz, las galletas y los fideos son ejemplos de alimentos de este grupo.

EL GRUPO DE CARNES
Este grupo incluye la carne, las aves, el pescado y los huevos. También incluye las nueces, los chícharos o guisantes, y los frijoles que tienen cantidades abundantes de proteínas.

EL GRUPO DE VERDURAS Y FRUTAS
Este grupo alimenticio incluye las verduras y hortalizas amarillas, las frutas cítricas, los tomates, las bananas y las uvas pasas.

Debes comer alimentos de cada grupo alimenticio todos los días. El número total de porciones que comes de cada grupo se llama tu ración diaria.

En cada comida, debes incluir por lo menos una fuente de proteína. Las proteínas incluyen los huevos, la carne, el pescado, las aves, y los productos lácteos. Además, debes comer por lo menos una fruta cítrica al día.

Aprovéchate de lo que hayas aprendido. Aprende bien a escoger los alimentos de estos grupos. Entonces, estarás seguro de tener una dieta equilibrada. La buena alimentación es una clave importante a la buena salud.

LOS CUATRO GRUPOS ALIMENTICIOS

Completa la tabla de abajo con cuatro ejemplos específicos de los alimentos que pertenecen a cada grupo alimenticio. Para ayudarte, hay algunos ejemplos en la Figura A.

Figura A

	GRUPO DE PRODUCTOS LÁCTEOS	GRUPO DE CARNES	GRUPO DE VERDURAS Y FRUTAS	GRUPO DE PAN Y CEREALES
1.				
2.				
3.				
4.				

COMPLETA LA ORACIÓN

Completa cada oración con una palabra o una frase de la lista de abajo. Escribe tus respuestas en los espacios en blanco.

grupo de carnes   grupo de verduras y frutas proteína
nutrimentos   grupo de productos lácteos equilibrada
grupo de pan y cereales

1. Las cosas útiles que obtenemos de los alimentos se llaman los _____.

2. Una dieta correcta se conoce como una dieta _____.

3. Se pueden clasificar los alimentos en cuatro grupos. Estos son el _____

_____, el _____, el _____ y el

_____.

4. Las nueces y los frijoles forman parte del grupo de las carnes porque tienen canti-

dades abundantes de la _____.

CIERTO O FALSO

En los espacios en blanco, escribe "Cierto" si la oración es cierta. Escribe "Falso" si la oración es falsa.

_____ 1. Una persona que come mucho siempre tiene una dieta equilibrada.

_____ 2. Una dieta equilibrada proporciona las cantidades apropiadas de todos los nutrimentos.

_____ 3. Una persona que solamente se alimenta de carne tiene una dieta equilibrada.

_____ 4. Los huevos pueden tomar el lugar de la carne en una dieta.

_____ 5. El pan y los cereales nos proporcionan las proteínas.

_____ 6. Las verduras son ricas en la vitamina C.

_____ 7. El pan blanco nos proporciona los mismos nutrimentos que las frutas cítricas.

_____ 8. El helado contiene leche.

_____ 9. Hay seis grupos alimenticios básicos.

_____ 10. La forma en que nos alimentamos puede perjudicar nuestra salud.

AMPLÍA TUS CONOCIMIENTOS

Utiliza lo que has aprendido para planear tres comidas equilibradas: el desayuno, el almuerzo y la cena. En los espacios en blanco de abajo, haz una lista de los alimentos que vas a incluir en cada comida. Recuerda incluir por lo menos una fuente de proteína en cada comida.

Desayuno	Almuerzo	Cena

¿Cómo se digieren los alimentos?

9

digestión: proceso en que los alimentos se transforman en las formas que el cuerpo puede utilizar

esófago: tubo que une la boca y el estómago

peristalsis: movimiento ondulado que hace mover la comida a través del aparato digestivo

LECCIÓN 9 | ¿Cómo se digieren los alimentos?

Como todos los seres vivos, las personas necesitan alimentos. Los alimentos nos dan los nutrimentos que el cuerpo necesita. También nos dan energía. Se necesita la energía para llevar a cabo los procesos de vida.

Sin embargo, los cuerpos no pueden utilizar los nutrimentos ni la energía en los alimentos si no se transforman los alimentos. El proceso de transformar los alimentos en una forma que el cuerpo puede utilizar se llama la **digestión.**

¿Qué hace la digestión? La digestión reduce los pedazos grandes de los alimentos a pedazos más pequeños. También la digestión cambia las sustancias químicas de los alimentos. Convierte las grandes moléculas complejas de los alimentos en moléculas más pequeñas y simples.

¿Dónde toma lugar la digestión? La digestión toma lugar en el <u>aparato digestivo</u>. El aparato digestivo es un largo tubo con muchas curvas dentro del cuerpo. Si se estira, el aparato digestivo tendrá más de 9 metros (30 pies) de largo.

¿Cuáles son las partes del aparato digestivo? Las partes del aparato digestivo son la boca, el **esófago,** el estómago, el intestino delgado y el intestino grueso.

A lo largo del aparato digestivo hay muchas glándulas y órganos, tales como el hígado y el páncreas. Estos órganos no forman parte del aparato digestivo, pero sí ayudan en la digestión. El aparato digestivo y los otros órganos digestivos forman el sistema digestivo.

Los alimentos entran en el cuerpo por la boca. Los desechos (los alimentos no digeridos) salen del cuerpo por el ano. El ano está en el extremo del intestino grueso.

La digestión es un proceso sistemático, que sigue paso a paso. No ocurre rápidamente. Los alimentos tardan de uno a dos días en pasar por todo el aparato digestivo.

Lee las descripciones que siguen para averiguar cómo los alimentos pasan por el aparato digestivo.

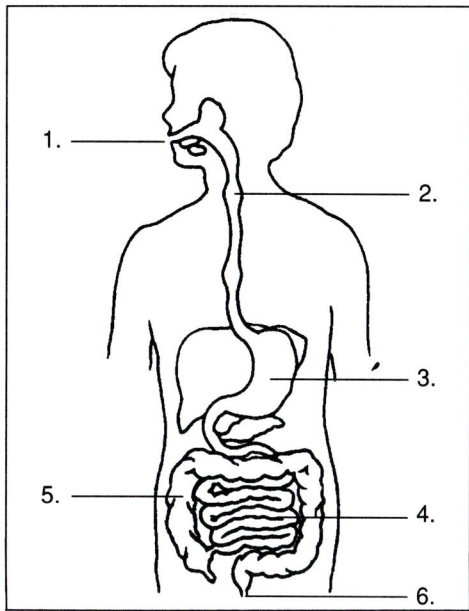

Figura A

1. Los alimentos entran en el cuerpo por la boca. La digestión comienza aquí.

    - Los dientes trituran los alimentos en pedazos más pequeños.
    - La saliva moja los alimentos.
    - La saliva también empieza la reducción química de los almidones.

2. Cuando tragas, los alimentos pasan al esófago.

    - Los alimentos pasan a través del esófago y llegan hasta el estómago.

3. ¿Qué pasa a los alimentos dentro del estómago?

    - El estómago revuelve los alimentos y los deshace en pedazos aún más pequeños.
    - Empieza la digestión química de las proteínas.
    - Los alimentos parcialmente digeridos luego pasan al intestino delgado.

4. La mayor parte de la digestión ocurre en el intestino delgado.

    - En el intestino delgado también se termina toda la digestión.
    - Los alimentos no digeridos (los desechos) luego pasan al intestino grueso.

5. Los alimentos no digeridos (los desechos) no los utiliza el cuerpo.

    - El intestino grueso almacena y expulsa los alimentos no digeridos como desechos sólidos.

6. Los desechos sólidos salen del cuerpo por el ano.

    - NOTA: El ano <u>no</u> es un órgano digestivo.

En la Figura B se ven los órganos del sistema digestivo. Observa el diagrama, luego contesta las preguntas de abajo.

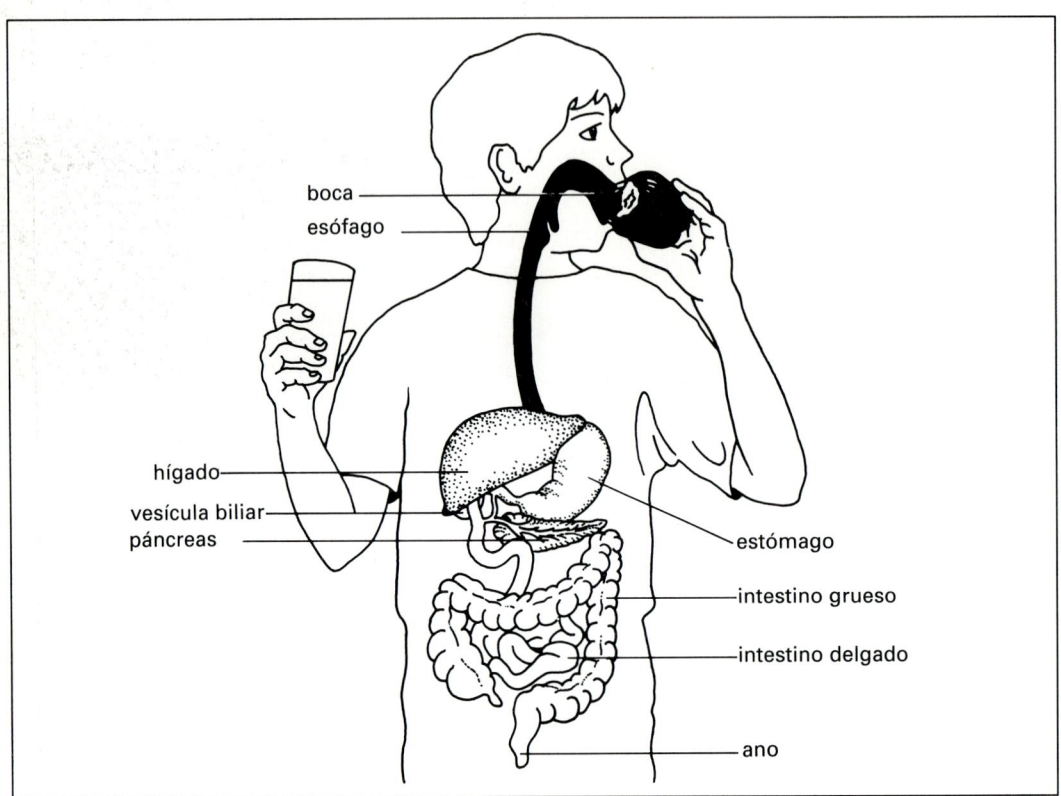

boca
esófago
hígado
vesícula biliar
páncreas
estómago
intestino grueso
intestino delgado
ano

Figura B

1. Nombra en orden las partes del aparato digestivo por las que pasan los alimentos.

   (No incluye el ano.) _____ , _____ , _____ , _____

   _____ y _____ .

2. El aparato digestivo tiene dos aberturas al exterior del cuerpo.

   a) Los alimentos entran en el cuerpo por la _____ .

   b) Los desechos salen del cuerpo por el _____ .

3. **a)** ¿Dónde empieza la digestión química? _____

   b) ¿Dónde ocurre la mayor parte de la digestión química? _____

4. ¿Cuáles son los dos órganos que son parte del sistema digestivo pero <u>no</u> son parte del

   aparato digestivo? _____ y _____

COMPLETA LA ORACIÓN

Completa cada oración con una palabra o una frase de la lista de abajo. Escribe tus respuestas en los espacios en blanco. Se pueden usar algunas palabras más de una vez.

esófago	estómago	más pequeños
se termina	más simples	intestino delgado
aparato digestivo	dientes	saliva
intestino grueso	boca	digestión
hígado	páncreas	

1. La transformación de los alimentos en una forma que el cuerpo puede utilizar se

   llama la _____ .

2. La digestión reduce los grandes pedazos de alimentos a pedazos _____.

   La digestión también hace que las moléculas de los alimentos sean _____.

3. La digestión ocurre en un tubo del cuerpo que se llama el _____.

4. Las partes del aparato digestivo (en orden) por las que pasan los alimentos son la

   _____ el _____ , el _____ , el

   _____ y el _____.

5. En la boca, los_____ deshacen o trituran los alimentos en pedazos más
   pequeños.

6. Los alimentos dentro de la boca se mojan con la _____ .

7. La digestión de los almidones empieza en la _____.

8. La digestión de las proteínas empieza en el _____.

9. La mayor parte de la digestión ocurre en el _____. También aquí

   toda la digestión_____ .

10. Los órganos como el_____ y el _____ ayudan en la

    digestión, pero están fuera del aparato digestivo.

CÓMO LOS ALIMENTOS SE MUEVEN A TRAVÉS DEL APARATO DIGESTIVO

Los alimentos en el aparato digestivo no se mueven por sí solos. Los alimentos los aprietan a lo largo del aparato digestivo los movimientos ondulados de los músculos. Estos músculos funcionan sin tener que nosotros los controlemos. Hacen un movimiento involuntario. Este movimiento ondulado se llama la **peristalsis.** La peristalsis empieza en el esófago cuando acabas de tragar y sigue a través de todo el aparato digestivo. La peristalsis mueve en una sola dirección, a menos que estemos enfermos. Por ejemplo, la peristalsis en dirección contraria en el estómago o en el esófago nos hace vomitar. Los vómitos son una forma en que el cuerpo se deshace de las cosas que nos pueden hacer daño.

¡INTÉNTALO!

Consigue un tubo de caucho. Moja el interior del tubo.

Mete una canica que quepa bien en el tubo.

Pellízcala para que avance en el tubo.

Este experimento te dará una buena idea de cómo la peristalsis mueve los alimentos a través del aparato digestivo.

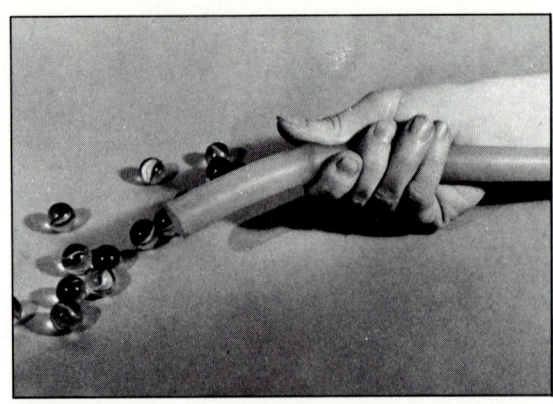

Figura C

IDENTIFICA LAS PARTES

Identifica las partes del aparato digestivo al escribir la letra de la Figura D al lado del nombre de su parte.

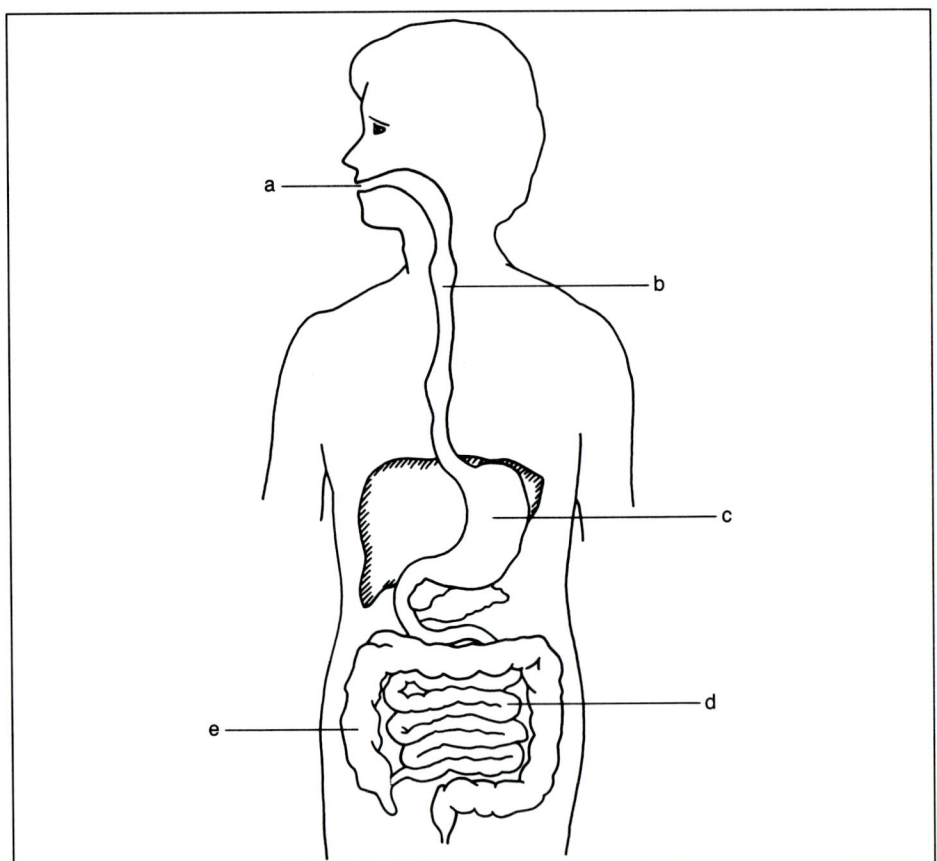

Figura D

1. intestino delgado _____

2. estómago _____

3. boca _____

4. intestino grueso _____

5. esófago _____

¿Cómo ayudan la digestión las enzimas?

10

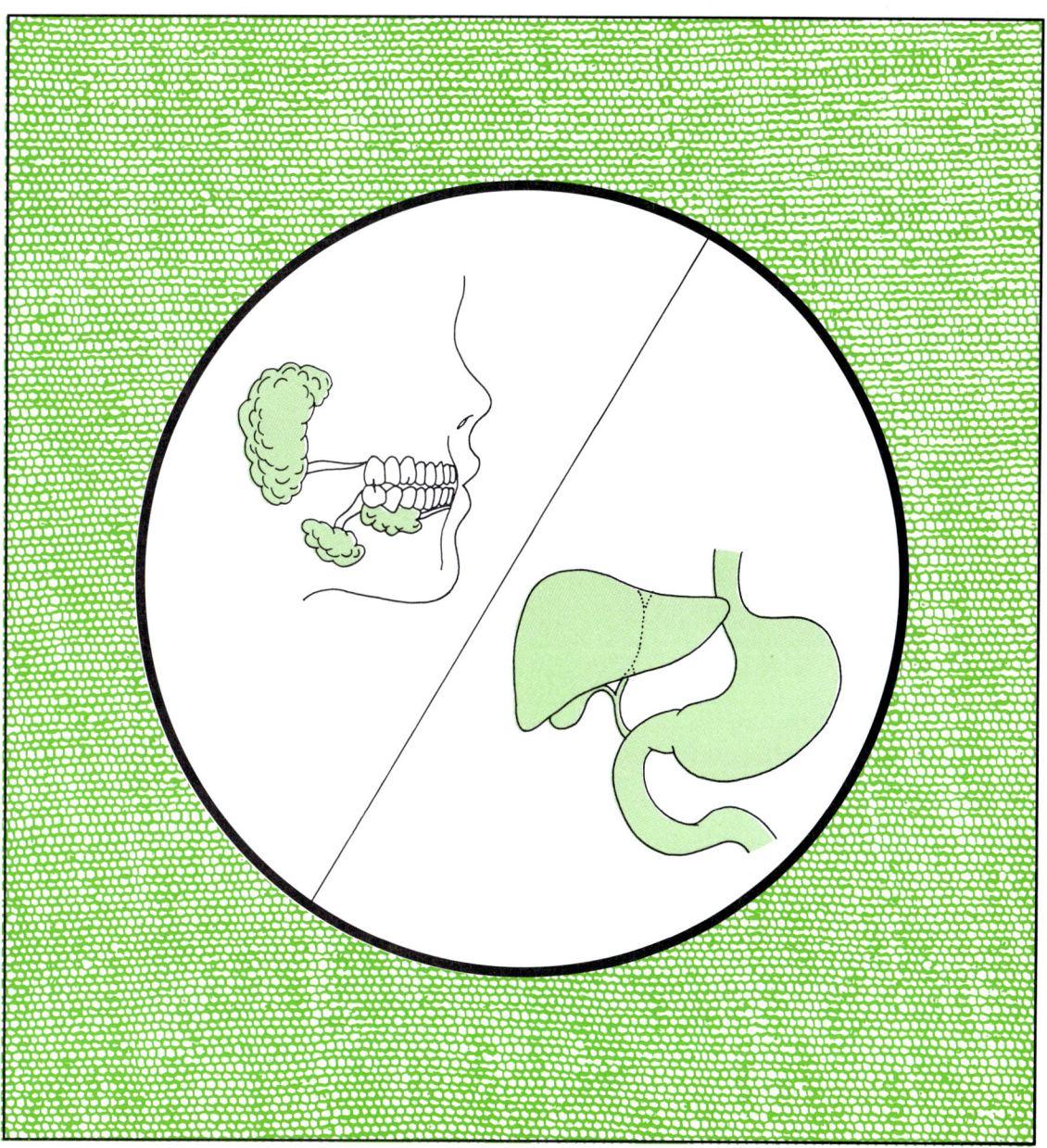

bilis: líquido verdoso que reduce las grasas y los aceites
enzima: proteína que controla las actividades químicas

LECCIÓN 10 | ¿Cómo ayudan la digestión las enzimas?

El cuerpo es como una fábrica química. Produce muchas clases de sustancias químicas.

Algunas de las sustancias químicas que el cuerpo produce se llaman **enzimas.** Las enzimas son muy útiles. No puedes vivir sin ellas.

Algunas enzimas ayudan a digerir los alimentos. Éstas son enzimas digestivas. Las enzimas digestivas se producen en grupos de células especiales que se llaman glándulas.

Muchas glándulas digestivas muy pequeñas se encuentran dentro del aparato digestivo. Están en las paredes del estómago y del intestino delgado. Estas glándulas se vacían directamente en el estómago y en el intestino delgado.

Algunas clases de glándulas digestivas se encuentran fuera del aparato digestivo. Éstas son las glándulas salivales y el páncreas. Se encuentra el páncreas cerca del estómago. Las tres pares de glándulas salivales están cerca de la boca.

Las enzimas de estas glándulas entran en el aparato digestivo por tubos pequeños. Estas glándulas ayudan en la digestión aunque ningún alimento pasa a través de ellas. El aparato digestivo y las glándulas que lo ayudan forman el sistema digestivo.

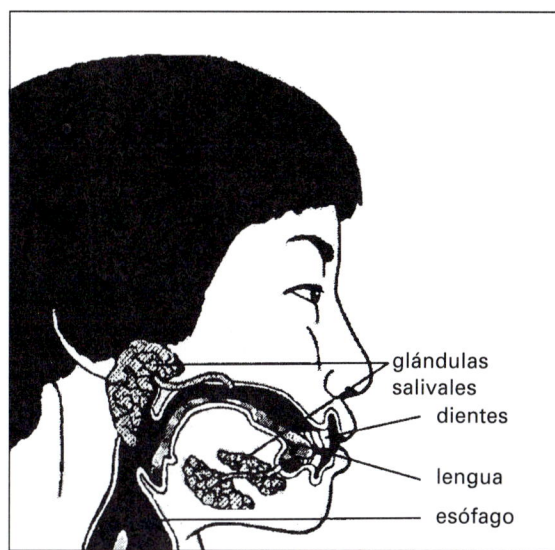

Figura A *Las glándulas salivales.*

LAS GLÁNDULAS SALIVALES

Las glándulas salivales producen la saliva. La saliva consiste principalmente en agua, pero también contiene una enzima que se llama tialina.

El agua en la saliva moja los alimentos. Así los alimentos son más fáciles de tragar.

La tialina empieza a transformar los almidones en azúcares simples.

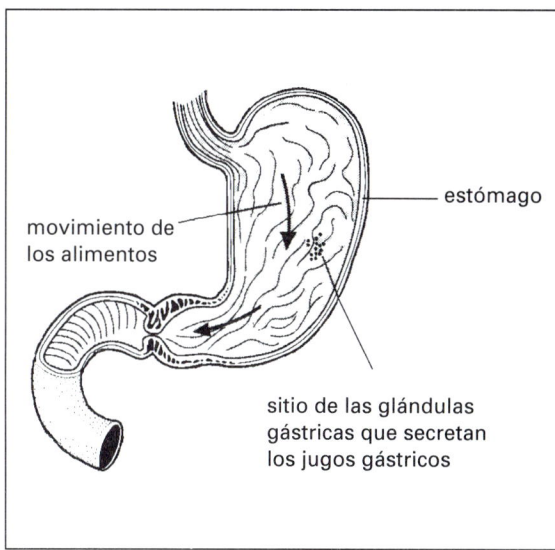

Figura B *Las glándulas gástricas se sitúan en las paredes del estómago.*

EL ESTÓMAGO

Las glándulas digestivas del estómago se llaman glándulas gástricas. Estas glándulas secretan (o despiden) un líquido que se llama el jugo gástrico.

El jugo gástrico contiene las enzimas de la pepsina y el cuajo. Contiene también el ácido clorhídrico y el moco.

• La pepsina empieza la digestión de la proteína.

• El cuajo hace cuajar la leche. Transforma la proteína de la leche líquida en una sustancia como el queso. Así, evita que la proteína pase demasiado rápido a través del aparato digestivo. Da a las enzimas que digieren la proteína el tiempo que necesitan para digerirla bien.

• El ácido clorhídrico. La pepsina sólo puede digerir bien la proteína en un ambiente acídico. El ácido clorhídrico dentro del estómago proporciona el ambiente adecuado. El moco gástrico, o sea, el moco en el jugo gástrico, ayuda a proteger las paredes del estómago contra el ácido.

EL PÁNCREAS Y EL INTESTINO DELGADO

El páncreas y el intestino delgado producen enzimas. Estas enzimas terminan la digestión de todos los nutrimentos.

Mira la Figura C con atención. Luego, completa las oraciones de abajo.

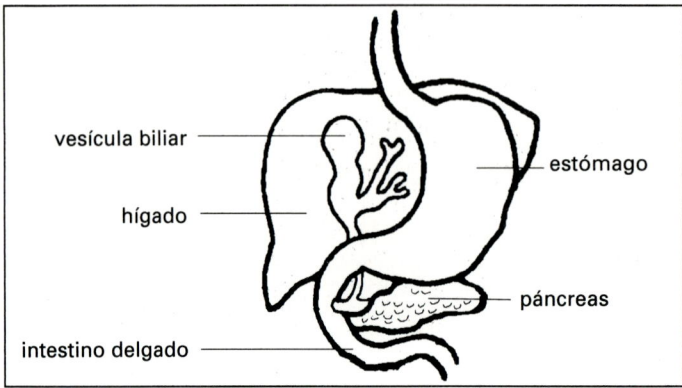

Figura C

1. Las enzimas del páncreas se vacían en el _____ .

2. El páncreas se sitúa directamente debajo del _____ .

EL HÍGADO

El hígado es el órgano más grande dentro del cuerpo humano. También ayuda en la digestión. El hígado produce un líquido que se llama la **bilis**. La bilis <u>no</u> <u>es</u> enzima. Pero sí es muy importante en la digestión de las grasas. La bilis deshace la grasa en pedacitos. Así, "prepara" la grasa para las enzimas que la digieren.

La bilis no se mueve directamente del hígado al intestino delgado. Se almacena en la vesícula biliar. Cuando comes grasa, la vesícula biliar se aprieta. Así expulsa un poco de bilis. De allí, pasa al intestino delgado. La bilis se mezcla con los alimentos en el intestino delgado.

La tabla que sigue nos muestra cómo la digestión en el intestino delgado transforma las sustancias químicas de los alimentos:

PRODUCTOS AL PRINCIPIO   PRODUCTOS AL FINAL

los almidones y los azúcares dobles	→ se transforman en	azúcares simples
las proteínas	→ se transforman en	aminoácidos
las grasas	→ se transforman en	sustancias grasosas más simples

HACER CORRESPONDENCIAS

Empareja cada término de la Columna A con su descripción en la Columna B. Escribe la letra correcta en el espacio en blanco.

Columna A

_____ 1. el hígado

_____ 2. las enzimas

_____ 3. las glándulas

_____ 4. el sistema digestivo

_____ 5. la boca

Columna B

a) sustancias químicas producidas por el cuerpo

b) punto en que comienza la digestión

c) producen las sustancias químicas del cuerpo

d) órgano más grande

e) aparato digestivo y otros órganos digestivos

ROTULA EL DIAGRAMA

Busca cada parte del sistema digestivo y escribe su letra en el espacio en blanco.

1. estómago _____

2. intestino grueso _____

3. boca _____

4. páncreas _____

5. intestino delgado _____

6. esófago _____

Figura D

COMPLETA LA ORACIÓN

Completa cada oración con una palabra o una frase de la lista de abajo. Escribe tus respuestas en los espacios en blanco. Se pueden usar algunas palabras más de una vez.

azúcares simples   tialina   hígado
intestino delgado   grasas   vesícula biliar
fuera   moléculas más pequeñas   moléculas grandes
glándulas salivales   glándulas   almidones
enzimas digestivas   páncreas   estómago

1. Cualquier digestión química transforman las _____ en

   _____ .

2. Las enzimas las producen grupos de células y tejidos que se llaman _____ .

3. Las sustancias químicas que ayudan en la digestión se llaman _____ .

4. Las glándulas digestivas se encuentran tanto dentro del aparato digestivo como

   _____ de ello.

5. Las glándulas digestivas dentro del aparato digestivo se encuentran en las paredes

   del _____ y del _____ .

6. Dos glándulas digestivas que se encuentran fuera del aparato digestivo son el

   _____ y las _____ .

7. La enzima que se encuentra en la saliva es la _____ .

8. La tialina empieza a transformar los _____ en _____ .

9. El _____ produce la bilis. La bilis se almacena en la_____ .

10. La bilis deshace las_____ .

LOS PRODUCTOS FINALES, POR FAVOR

Escribe las respuestas correctas.

1. _____ son el producto final de la digestión

   de las grasas.

2. _____ son el producto final de la digestión de los almidones .

3. _____ son el producto final de la digestión de los azúcares

   dobles.

4. _____ son el producto final de la digestión de las proteínas.

PRUEBA QUE LA PEPSINA NECESITA EL ÁCIDO CLORHÍDRICO PARA FUNCIONAR

Lo que necesitas (los materiales)

tres pequeños pedazos de carne sin grasa
tres tubos de ensayo y un soporte
ácido clorhídrico de 2%

pepsina líquida
agua

Cómo hacer el experimento (el procedimiento)

1. Mete un pedazo de carne en cada tubo de ensayo. Pon una etiqueta en cada tubo que lee A, B y C, respectivamente.

2. Al tubo de ensayo A, añade la pepsina líquida hasta que un cuarto del tubo esté lleno. Luego, añade agua hasta la mitad.

3. Al tubo de ensayo B, añade la misma cantidad de pepsina. Luego, con mucho cuidado, llena el tubo hasta la mitad del ácido clorhídrico.

4. Al tubo de ensayo C, añade el agua hasta la mitad del tubo. Este tubo de ensayo sirve de comparación para los otros dos. Nos permite comparar lo que pasa con la carne con las enzimas y sin ellas.

Coloca los tubos de ensayo en su soporte. Déjalos por una noche. (Ve la Figura F.)

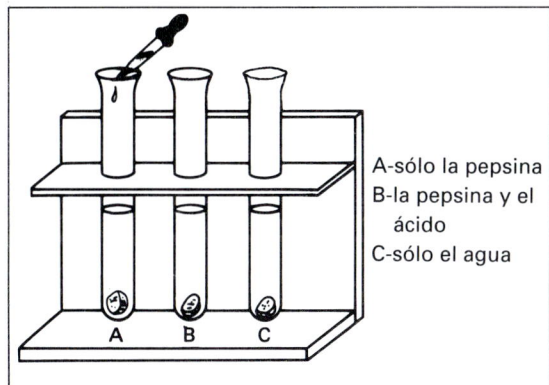

A-sólo la pepsina
B-la pepsina y el ácido
C-sólo el agua

Figura E

Figura F *Después de 24 horas*

Lo que aprendiste (las observaciones)

1. La carne en el tubo de ensayo C _____ cambió.

sí, no

2. La carne en el tubo de ensayo B cambió _____.

sólo un poco, bastante

3. La carne en el tubo de ensayo A cambió _____.

sólo un poco, bastante

4. **a)** La carne se ha disuelto casi por completo en el tubo de ensayo _____ .

    A, B, C

    b) La mayor parte de la carne en este tubo de ensayo se ha convertido en un

    _____ .

    sólido, líquido

5. ¿En qué tubo de ensayo no ha ocurrido ninguna digestión? _____

    A, B, C

6. ¿En qué tubo de ensayo ha ocurrido un poco de digestión? _____

    A, B, C

7. ¿En qué tubo de ensayo ha ocurrido la más digestión? _____

    A, B, C

Algo en que pensar (las conclusiones)

1. El agua _____ digiere la proteína.

    sí, no

2. La pepsina sola _____ digiere la proteína, pero muy _____ .

    sí, no   lentamente, rápidamente

3. **a)** La pepsina digiere la proteína rápidamente cuando se mezcla con un _____ .

    (una sola palabra)

    b) Nombra el ácido en el jugo gástrico. _____

4. La digestión química transforma las moléculas _____ en moléculas

    grandes, pequeñas

    _____ .

    grandes, pequeñas

AMPLÍA TUS CONOCIMIENTOS

A veces se puede enfermar de la vesícula biliar. Entonces, hay que quitarla del cuerpo. Las personas pueden vivir sin la vesícula biliar. ¿Cómo tendrían ellos que cambiar su dieta?

_____

_____

_____

_____

¿Qué es la absorción?

11

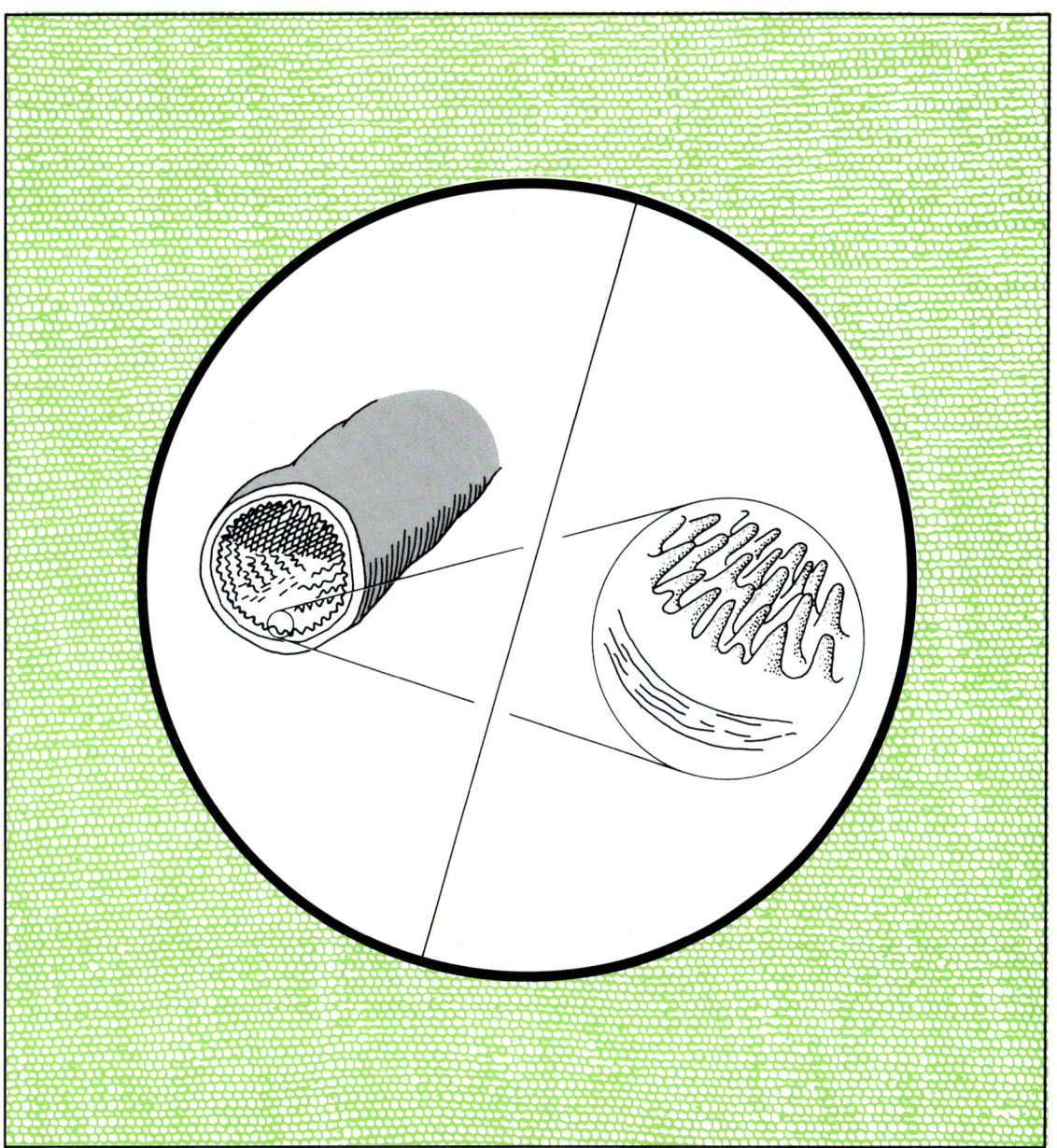

absorción: el movimiento de los alimentos del aparato digestivo a la sangre
vellos: proyecciones, como deditos, en el interior del intestino delgado

LECCIÓN 11 | ¿Qué es la absorción?

Ya has aprendido cómo se digieren los alimentos. Sabes que la digestión termina en el intestino delgado. Pero los alimentos digeridos no tienen valor si no llegan a las células.

¿Cómo salen los alimentos digeridos del sistema digestivo? Se absorben en el intestino delgado. La **absorción** es el movimiento de alimentos del sistema digestivo a la sangre.

Ocurre así:

La pared interior del intestino delgado está forrada con miles de "abultamientos" pequeños. Estos abultamientos se llaman **vellos**. (Un abultamiento es un vello.)

Cada vello tiene dos tipos de tubos:

1. una red de vasos capilares y
2. un vaso lácteo.

Como sabes, los vasos capilares llevan sangre. Los vasos lácteos llevan un líquido que se llama linfa.

Los alimentos digeridos rodean a cada vello. Los alimentos salen del intestino delgado por los vasos capilares y los lácteos.

• Los vasos lácteos absorben las grasas digeridas.

• Los capilares absorben todos los otros nutrimentos.

La linfa y la sangre fluyen, o corren, por todo el cuerpo en tubos distintos. Pero los dos líquidos no permanecen separados. La linfa se vacía en la sangre cerca del corazón. Luego, la sangre transporta todos los nutrimentos.

Como sabes, la sangre va a cada parte del cuerpo. Las células absorben los nutrimentos que se encuentran en la sangre.

Estudia las Figuras A y B.

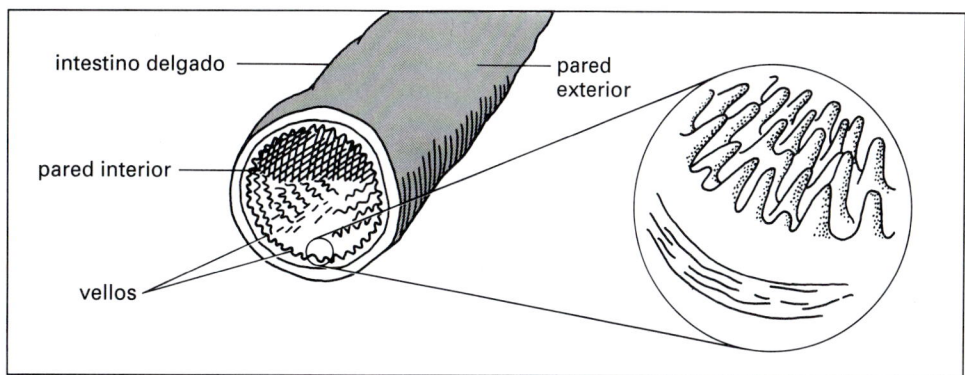

Figura A   *La pared interior del intestino delgado tiene miles de vellos muy pequeños.*

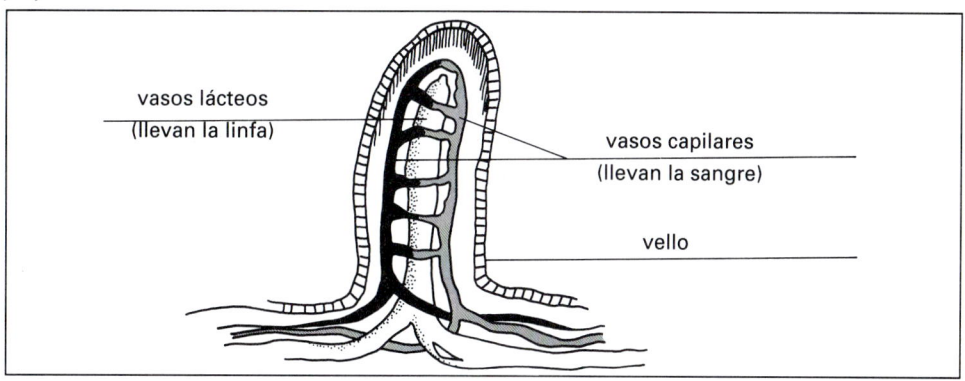

Figura B   *Un solo vello.*

1. Las grasas digeridas las absorben los vasos _____ .
   capilares, lacteos

2. Los almidones, los azúcares y las proteínas digeridos los absorben los vasos _____ .
   capilares, lacteos

3. _____ transporta los alimentos digeridos por todo el cuerpo.
   la sangre, el intestino delgado

HACER CORRESPONDENCIAS

Empareja cada término de la Columna A con su descripción en la Columna B. Escribe la letra correcta en el espacio en blanco.

Columna A	Columna B
_____ 1. la digestión	**a)** está forrado de vellos
_____ 2. la linfa	**b)** transforma los alimentos en una forma que el cuerpo puede utilizar
_____ 3. el intestino delgado	**c)** absorben todos los alimentos digeridos menos las grasas
_____ 4. los vasos capilares	**d)** líquido lácteo

COMPLETA LA ORACIÓN

Completa cada oración con una palabra o una frase de la lista de abajo. Escribe tus respuestas en los espacios en blanco. Se pueden usar algunas palabras más de una vez.

boca   células   grasas
lácteo   intestino delgado   nutrimentos
todos los nutrimentos digeridos   digestión   capilares
absorción   vellos

1. Nuestros cuerpos consisten en billones de _____ .

2. Todas las cosas útiles que sacamos de los alimentos se llaman _____ .

3. La transformación de los alimentos en moléculas más simples y más pequeñas se

   llama la _____ .

4. La digestión comienza en la _____ y termina en el

   _____ .

5. El movimiento de los alimentos del sistema digestivo a la sangre se llama la

   _____ .

6. La absorción de los alimentos ocurre en los abultamientos muy pequeños que se

   llaman _____ .

7. Los vellos forran la pared interior del _____ .

8. Cada vello tiene vasos _____ y un vaso _____ .

9. Los vasos lácteos absorben las _____ digeridas.

10. Los vasos capilares en los vellos absorben _____ ,

    menos las grasas.

AMPLÍA TUS CONOCIMIENTOS

1. ¿Qué tiene el área mayor de la superficie: una superficie plana o una superficie llena de abultamientos?

   _____

2. ¿Cómo apresura la absorción aún más la forma de los vellos?

   _____

¿Qué es el sistema circulatorio?

12

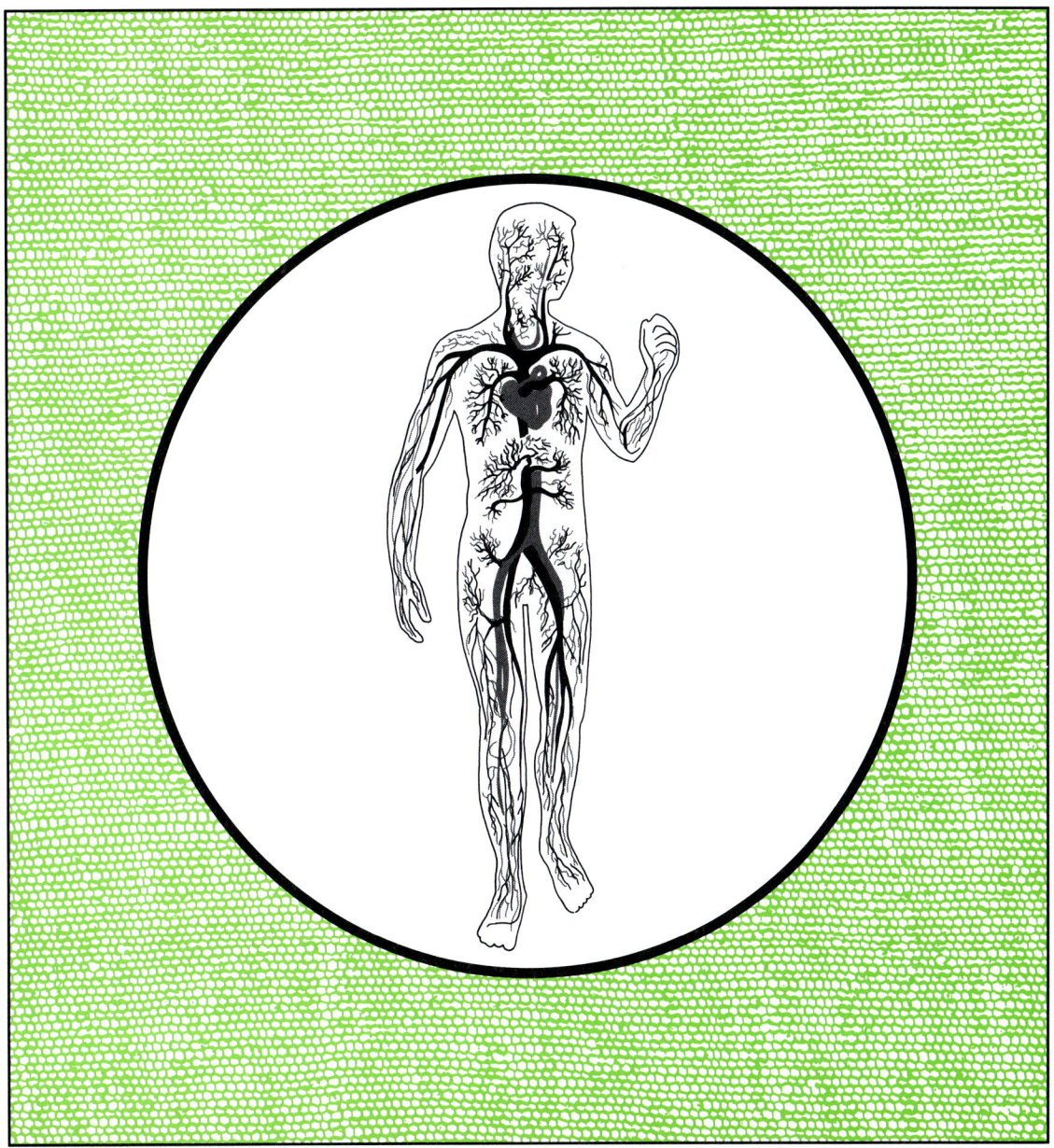

arterias: vasos sanguíneos que llevan la sangre fuera del corazón a otras partes
capilares: vasos sanguíneos muy pequeños que ligan las arterias y las venas
venas: vasos sanguíneos que llevan la sangre hasta el corazón

LECCIÓN 12 | ¿Qué es el sistema circulatorio?

¿Puedes imaginar a un mensajero que hace billones de entregas en sólo treinta segundos? Pues, ¡lo hace la sangre!

La sangre es un mensajero indispensable para el cuerpo. Está en marcha día y noche.

En tan sólo treinta segundos, más o menos, la sangre recorre (se circula por) todo el cuerpo. Alcanza a llegar a cada una de los billones de células en tu cuerpo.

La sangre transporta (lleva) a las células todas las cosas que necesitan, tales como oxígeno y alimentos digeridos. Las células reciben, o absorben, estos materiales. A cambio, la sangre recoge los desechos de las células. Entre los desechos hay dióxido de carbono, calor y agua sobrante.

El corazón impulsa la sangre por todo el cuerpo. Recorre el cuerpo en un sistema cerrado de tubitos. Estos tubitos son los vasos sanguíneos. En el cuerpo hay tres tipos de vasos sanguíneos: las **arterias**, las **venas,** y los **capilares.**

LAS ARTERIAS transportan la sangre fuera del corazón. La sangre de las arterias es rica en oxígeno y nutrimentos. Las arterias llevan los materiales que las células necesitan.

LAS VENAS transportan la sangre de las partes del cuerpo (las células) de vuelta al corazón. La sangre de las venas lleva los desechos disueltos.

LOS CAPILARES ligan las arterias y las venas. Los capilares son pequeñísimos. Necesitas usar un microscopio para poder verlos. La mayoría de los vasos sanguíneos del cuerpo son capilares.

El corazón, los vasos sanguíneos y la sangre forman el sistema circulatorio. La circulación, o sea, el transporte, es una función vital. No existe la vida sin ésta.

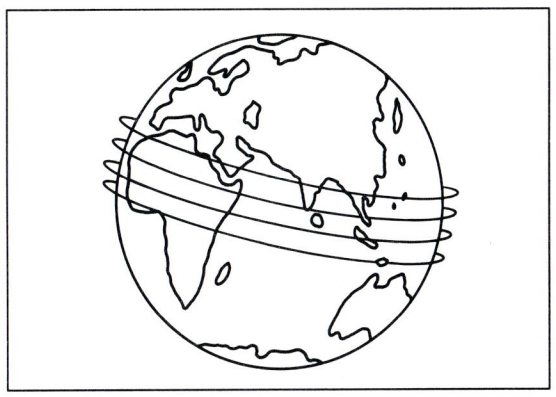

Figura A

Se encuentran los vasos sanguíneos en casi todas las partes del cuerpo.

Si se colocan los vasos sanguíneos de un extremo a otro, ¡se extenderán por casi 161,000 kilómetros (100,000 millas)!

¡Son casi cuatro veces la distancia alrededor de la Tierra por el ecuador!

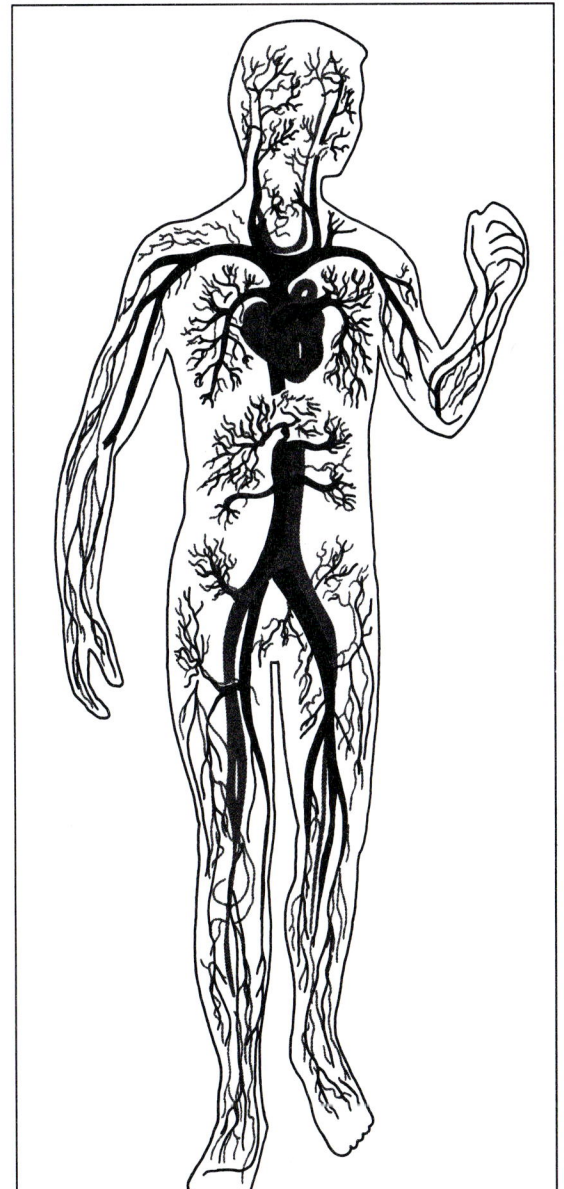

Fíjate en la Figura B. Los tubos grises representan las arterias. Los tubos negros representan las venas. Miles y miles de capilares pequeños ligan las arterias y las venas.

Escribe la palabra correcta en cada espacio en blanco para contestar las preguntas o para terminar las oraciones.

1. ¿Qué impulsa la sangre por todo el

   cuerpo? _____

2. Los vasos sanguíneos que llevan la sangre fuera del corazón son

   _____.

3. Los vasos sanguíneos que llevan la sangre de vuelta al corazón son

   _____.

4. La sangre pasa de las arterias a las venas por vasos sanguíneos muy pequeños que se llaman

   _____.

5. El corazón, los vasos sanguíneos y la sangre forman el

   _____.

Figura B

71

¿ARTERIAS, VENAS O CAPILARES?

Mira la Figura C. Luego, contesta las preguntas.

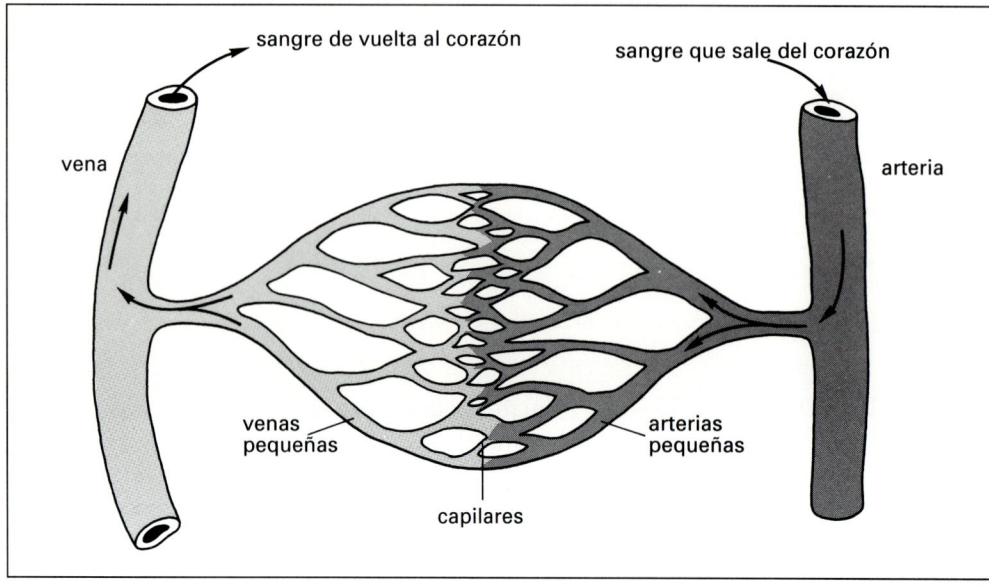

Figura C

1. Las arterias que se ramifican fuera del corazón se hacen cada vez _____ .

   más pequeñas, más grandes

2. Las venas que van de vuelta al corazón se hacen cada vez _____ .

   más pequeñas, más grandes

3. La mayoría de los vasos sanguíneos son _____ .

   arterias, venas, capilares

HACER CORRESPONDENCIAS

Empareja cada término de la Columna A con su descripción en la Columna B. Escribe la letra correcta en el espacio en blanco.

Columna A	Columna B
_____ 1. la circulación	**a)** llevan la sangre fuera del corazón
_____ 2. el corazón	**b)** impulsa la sangre
_____ 3. las arterias	**c)** ligan las arterias y las venas
_____ 4. las venas	**d)** el transporte de materiales en los seres vivos
_____ 5. los capilares	**e)** llevan la sangre de vuelta al corazón

COMPLETA LA ORACIÓN

Completa cada oración con una palabra o una frase de la lista de abajo. Escribe tus respuestas en los espacios en blanco. Se pueden usar algunas palabras más de una vez.

corazón   circulación   oxígeno
capilares   arterias   vaso sanguíneo
alimentos   desechos   sangre
venas

1. El transporte de materiales dentro de los seres vivos se llama la _____.

2. En los seres humanos, la circulación se realiza por el líquido que se llama la

    _____.

3. Se impulsa la sangre con el _____.

4. La sangre lleva a las células las cosas como el _____ y los _____.

5. La sangre recoge los _____ de las células.

6. Un tubito que transporta sangre es un _____.

7. Los tres tipos de vasos sanguíneos son las _____, las _____ y

    los _____.

8. Se lleva la sangre fuera del corazón a través de las _____.

9. Se lleva la sangre de vuelta al corazón a través de las _____.

10. Las arterias y las venas están ligadas por los vasos sanguíneos pequeños que se

    llaman los _____.

PALABRAS REVUELTAS

A continuación hay varias palabras que has usado en esta lección. Pon las letras en orden y escribe tus respuestas en los espacios en blanco.

1. UCACLÓCINRI   _____

2. NEVA   _____

3. LAPIRESCA   _____

4. ONAZCRÓ   _____

5. ATERRAI   _____

CIERTO O FALSO

En el espacio en blanco, escribe "Cierto" si la oración es cierta. Escribe "Falso" si la oración es falsa.

_____ **1.** La circulación es el transporte de materiales en los seres vivos.

_____ **2.** La vida termina cuando termina la circulación.

_____ **3.** El cerebro impulsa la sangre.

_____ **4.** La sangre se circula por todo el cuerpo solamente dos o tres veces al día.

_____ **5.** Las arterias transportan la sangre fuera del corazón.

_____ **6.** Las arterias transportan el dióxido de carbono a las células.

_____ **7.** Las venas transportan la sangre fuera del corazón.

_____ **8.** Las venas recogen los desechos de las células.

_____ **9.** Los capilares ligan las arterias y las venas.

_____ **10.** Los capilares son los vasos sanguíneos más grandes.

AMPLÍA TUS CONOCIMIENTOS

La circulación siempre se realiza por un líquido. En los seres humanos y en muchos otros animales ese líquido es la sangre.

¿Qué crees que es el líquido que realiza la circulación en las plantas? _____

_____

¿De qué se forma la sangre?

13

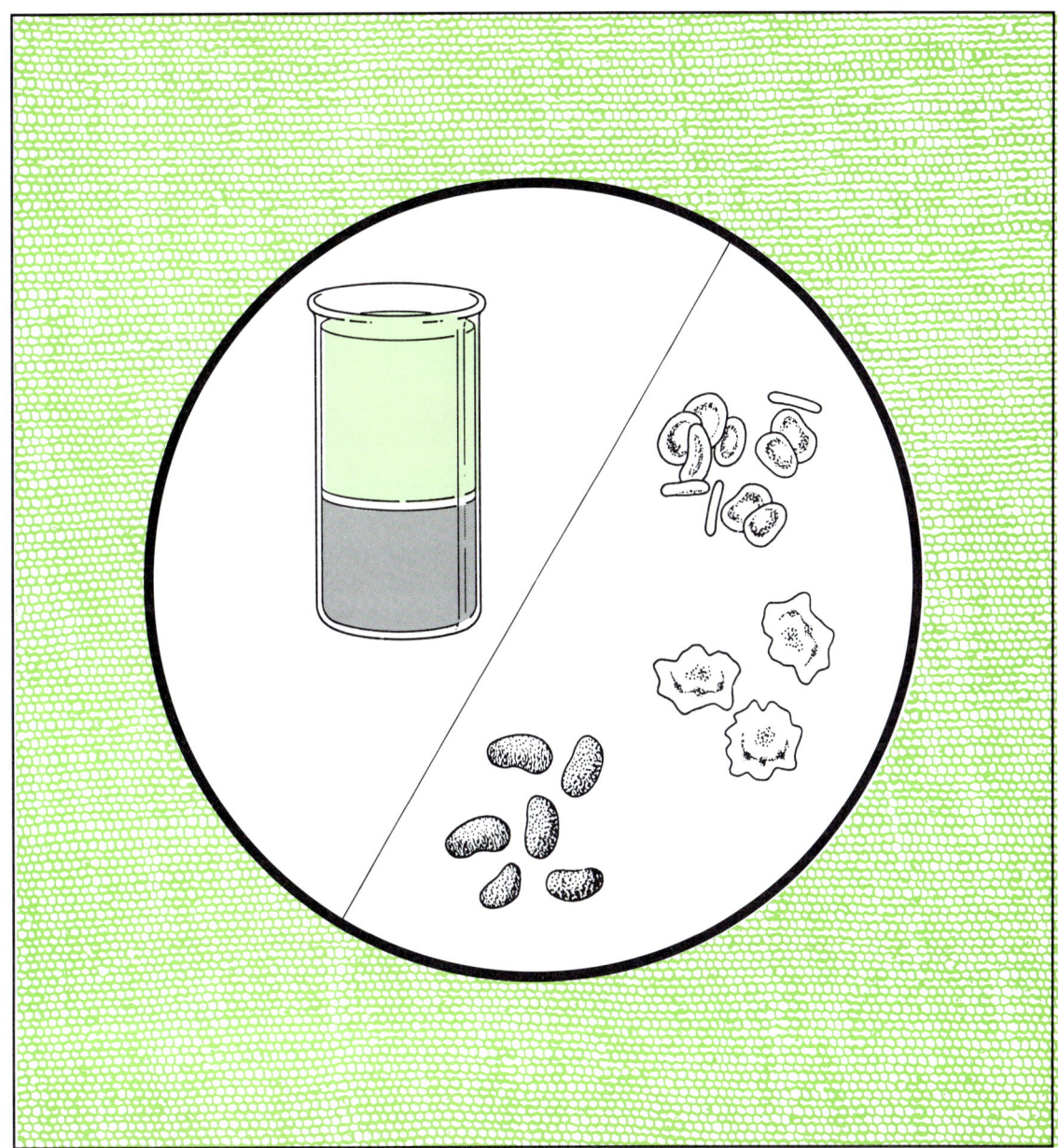

plasma: sustancia líquida de la sangre
plaquetas: pedacitos de células que son pequeños y sin color y que controlan la coagulación de la sangre
glóbulos rojos: células que le dan a la sangre el color rojo y que llevan oxígeno
glóbulos blancos: células que protegen al cuerpo contra las enfermedades

¿De qué se forma la sangre?

En las lecciones de los primeros auxilios, aprendes cómo ayudar a personas que están heridas. Una regla importante de los primeros auxilios es: "Trata primero la sangría grave". Una persona puede morirse de la pérdida de sangre en muy poco tiempo.

¿En qué consiste la sangre? ¿Por qué es tan importante para la vida?

La sangre es el tejido del transporte en el cuerpo. Lleva los materiales esenciales a las células. También lleva los desechos fuera de las células.

La sangre tiene una parte que es líquida y una parte que es sólida. La parte líquida de la sangre se llama el **plasma**. La parte sólida de la sangre consiste en las células sanguíneas, o sea, los glóbulos.

EL PLASMA

El 90 por ciento del plasma es agua. Tiene el color de paja. En el plasma se disuelven los alimentos digeridos, las sustancias químicas importantes y algunos desechos. El plasma lleva estas sustancias a las células. Los desechos se llevan fuera de las células.

LAS CÉLULAS SANGUÍNEAS

Tres tipos de células sanguíneas forman la sangre: los **glóbulos rojos**, los **glóbulos blancos** y las **plaquetas**. Estas células sanguíneas se llevan en el plasma que fluye.

Los glóbulos rojos contienen una sustancia que se llama la hemoglobina. La hemoglobina es roja. Le da a la sangre su color.

El oxígeno se junta con la hemoglobina. Los glóbulos rojos llevan este oxígeno a todas partes del cuerpo. La misma hemoglobina recoge la mayor parte del desecho del dióxido de carbono producido por las células.

Los glóbulos blancos atacan las enfermedades y las infecciones. Destruyen los gérmenes dañinos en el cuerpo.

Las plaquetas son pedazos de células muy pequeñas y sin color. Ayudan a que una herida deje de sangrar. Las plaquetas emiten una sustancia química que ayuda a la sangre a coagularse.

LA COMPOSICIÓN DE LA SANGRE

En la Figura A se ve la composición de la sangre. Estudia la Figura A; luego, contesta las preguntas.

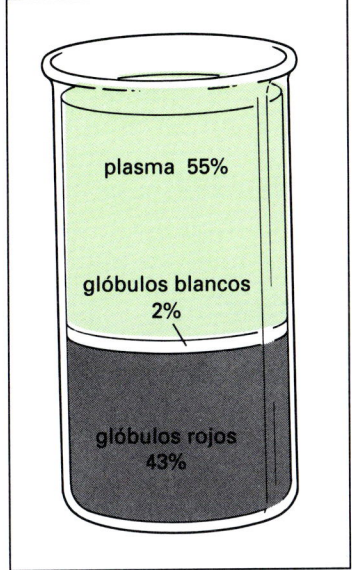

Figura A *Composición de la sangre*

1. ¿Qué porcentaje de la sangre es líquida? _____

2. ¿Cómo se llama la parte líquida de la sangre? _____

3. **a)** La parte líquida de la sangre consiste principalmente en _____ . (Si necesitas ayuda, refiérete a la lectura.)

   b) ¿De qué porcentaje es?

   _____

4. Todas las células sanguíneas forman el _____ por ciento de la sangre.

5. El _____ por ciento de la sangre está formado por los glóbulos rojos; los glóbulos blancos forman el _____ por ciento.

LAS CÉLULAS SANGUÍNEAS: SUS NÚMEROS Y TAMAÑOS

La Figura B te dará una idea de los tamaños y los números de los glóbulos rojos y blancos que se encuentran en el cuerpo. Examina la Figura B. Luego, contesta las preguntas.

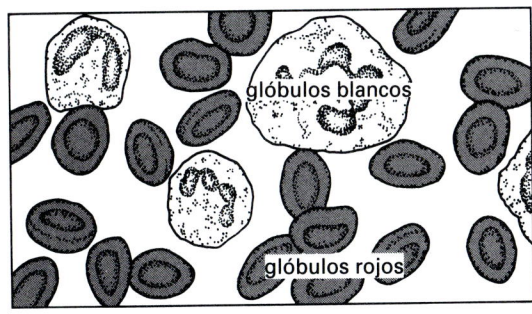

Figura B

1. ¿Cuáles de las células sanguíneas son las más grandes? _____

2. ¿Cuál de los tipos de células sanguíneas es más numeroso?

3. ¿Cuáles de las células se ven como discos "pellizcados"? _____

Mira las Figuras C y D. Luego, contesta las preguntas acerca de cada diagrama.

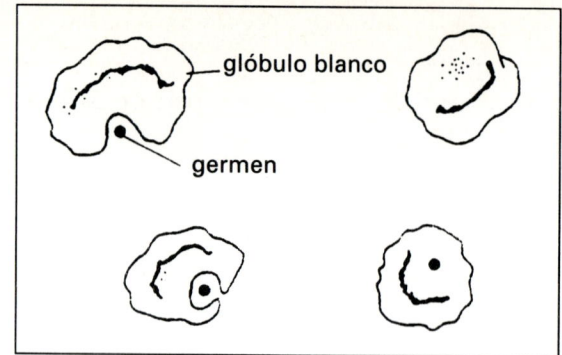

Figura C *Un glóbulo blanco al ataque*

4. ¿Qué tipo de célula sanguínea se ve en el diagrama?

    _____

5. Describe lo que sucede en la Figura C.

    _____

    _____

Ahora, mira la Figura D. Luego, contesta las preguntas.

6. Cuando te cortes, ¿qué parte de la sangre te ayuda a dejar de sangrar?

    _____

7. Los glóbulos blancos también vienen al lugar de la herida. ¿Por qué?

    _____

8. ¡Adivínalo! ¿Qué pasa con el número de glóbulos blancos cuando los gérmenes están en el cuerpo? _____

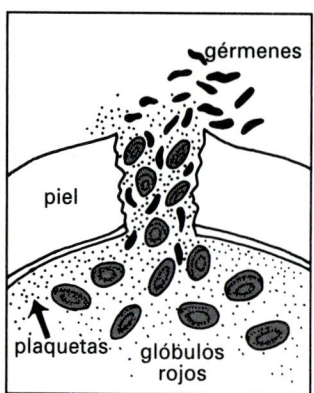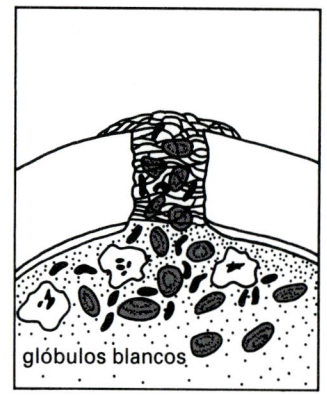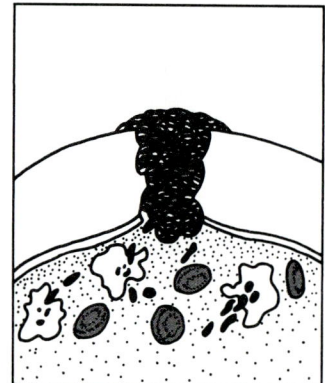

Figura D *La sangre se coagula cuando se corta la piel.*

MÁS SOBRE LOS GLÓBULOS ROJOS

Contesta las siguientes preguntas sobre los glóbulos rojos.

1. El oxígeno es _____ .
   necesario para las células, un desecho de las células

2. ¿Cuáles de las células sanguíneas recogen y transportan el oxígeno?

   _____
   los glóbulos rojos, los glóbulos blancos, las plaquetas

3. ¿Cuál es la sustancia en los glóbulos rojos que se enlaza con el oxígeno?

   _____

4. ¿Dónde recibe este oxígeno la sangre? _____

   a) en el corazón

   b) en las arterias y las venas

   c) en los pulmones

5. ¿Qué le da color a la sangre? _____

¿EN QUÉ DIRECCIÓN?

Se ha llamado la sangre el "Río de la Vida". La sangre les lleva a las células los materiales que las células necesitan. En cambio, la sangre transporta los desechos producidos por las células.

En esta tabla hay diez sustancias que la sangre transporta. Indica si la sangre lleva cada sustancia hasta las células o fuera de las células. Pon una marca (✔) en la casilla apropiada.

	SUSTANCIA LLEVADA POR LA SANGRE	HASTA LAS CÉLULAS	FUERA DE LAS CÉLULAS
1.	alimentos digeridos		
2.	oxígeno		
3.	dióxido de carbono		
4.	enzimas		
5.	hormonas (usadas por las células para regular las reacciones químicas)		
6.	calor		
7.	sustancias químicas dañinas		
8.	agua sobrante (desechos)		
9.	vitaminas y minerales		
10.	proteínas		

1. La sangre constituye aproximadamente el 9% del peso del cuerpo humano. Por ejemplo, si tú pesas 100 libras, 9 libras serán de sangre. (Averigua cuántas libras de sangre hay en tu cuerpo.)

2. En un adulto hay aproximadamente 12 pintas de sangre.

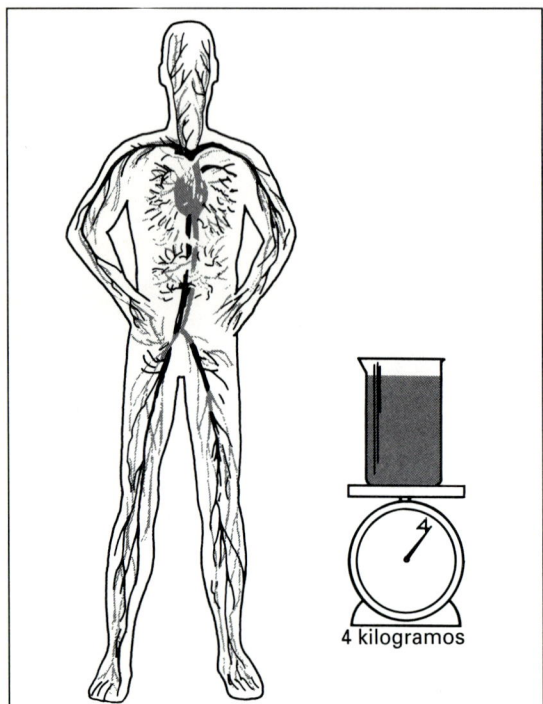

Figura E *Aproximadamente el 9% del peso de una persona consiste en la sangre. Si tú pesas 45 kilogramos (100 libras), 4 kilogramos (9 libras) consisten en la sangre.*

Figura F *En una persona adulta hay aproximadamente 5.7 litros (12 pintas) de sangre.*

3. Hay aproximadamente 600 glóbulos rojos por cada glóbulo blanco en la sangre. Una sola gota de sangre contiene casi 5 millones de glóbulos rojos. En el cuerpo de una persona adulta, hay casi 25 billones de glóbulos rojos.

4. Los glóbulos rojos y los glóbulos blancos se producen en la médula de los huesos, sobre todo en las costillas, el esternón y la columna vertebral.

5. Se calcula que de entre 1 a 2 millones de glóbulos rojos se mueren cada <u>segundo</u>. Nuevos glóbulos se producen para reemplazarlos.

6. El plasma que corre es lo que transporta las células sanguíneas. Los glóbulos blancos, sin embargo, pueden moverse <u>por</u> <u>su</u> <u>propia</u> <u>cuenta.</u>

7. Los glóbulos blancos también pueden pasar por pequeños huecos en los vasos sanguíneos. Entran en los tejidos circundantes. Los glóbulos blancos son como buenos soldados. Andan a la caza de los enemigos (los gérmenes dañinos) y los destruyen.

¿Cómo funciona el corazón?

14

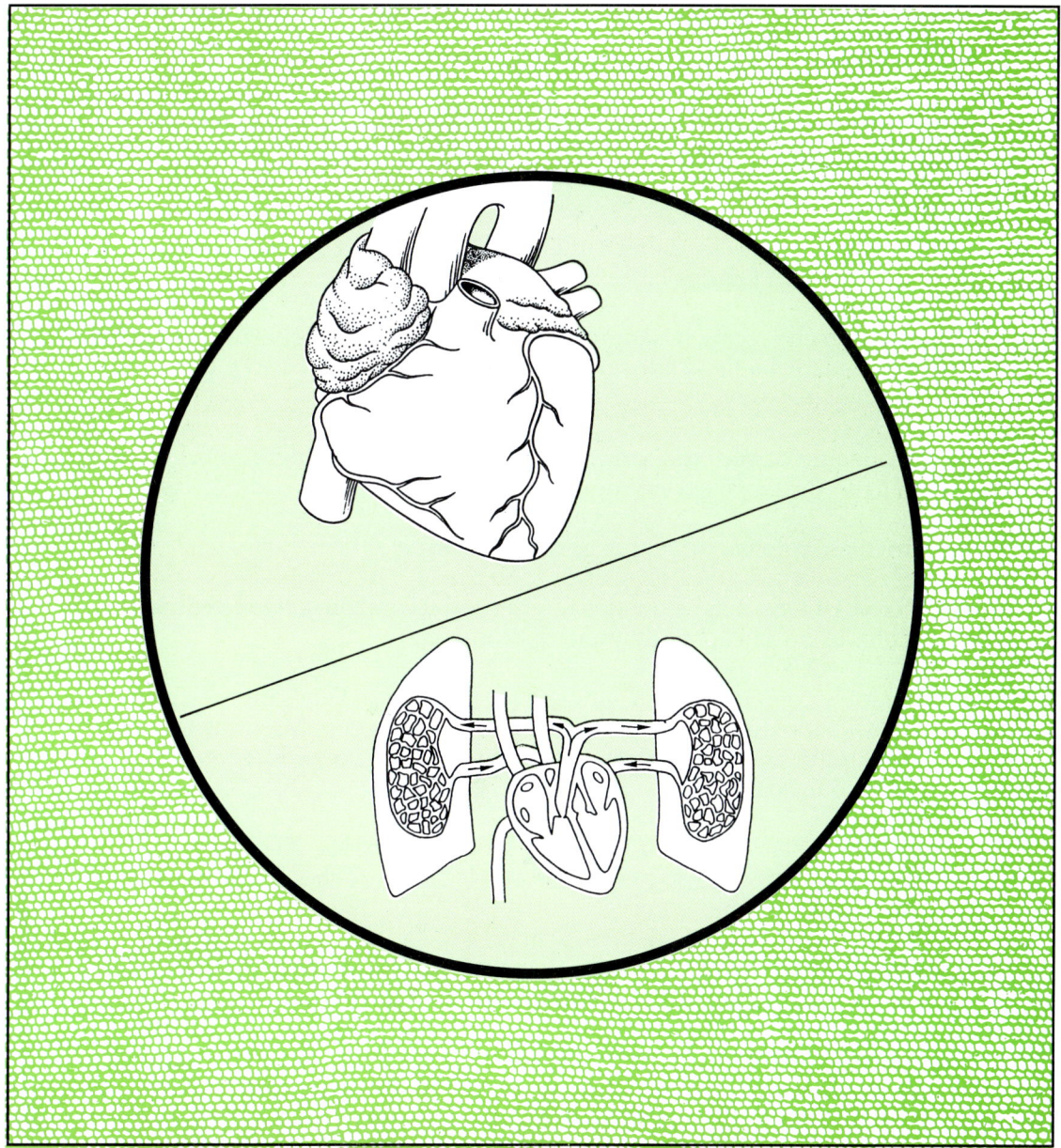

aurículas: cavidades superiores en el corazón

septo: pared de tejido grueso que separa el lado derecho del izquierdo del corazón

válvula: como una "solapa" de tejido delgado que funciona como una puerta que se abre en una sola dirección

ventrículo: cavidad inferior en el corazón

LECCIÓN 14 | ¿Cómo funciona el corazón?

Ponte la mano sobre el pecho. El latido que sientes viene del corazón. Te mantiene vivo. El corazón está formado principalmente por tejido muscular. Tiene una sola función. Día y noche, las veinticuatro horas al día, el corazón impulsa la sangre a todas las partes de tu cuerpo.

El corazón humano se divide en cuatro partes separadas que se llaman cavidades. Dos cavidades están en la parte superior del corazón; dos cavidades están en la parte inferior.

LAS AURÍCULAS Las cavidades superiores del corazón son las **aurículas**: la derecha y la izquierda. Las aurículas reciben la sangre.

- La aurícula derecha recibe la sangre de todas las partes del cuerpo. La sangre en la aurícula derecha tiene altos niveles del dióxido de carbono y bajos niveles del oxígeno.

- La aurícula izquierda recibe la sangre de los pulmones. La sangre en la aurícula izquierda tiene altos niveles del oxígeno y bajos niveles del dióxido de carbono.

Las dos aurículas se llenan de sangre al mismo tiempo.

LOS VENTRÍCULOS Las cavidades inferiores del corazón son los **ventrículos**. Los ventrículos impulsan la sangre fuera del corazón.

- El ventrículo derecho impulsa la sangre a los pulmones. Esta sangre tiene altos niveles del dióxido de carbono y bajos niveles del oxígeno. Mientras la sangre pasa por los pulmones, se deshace del dióxido de carbono. Luego, la sangre recoge oxígeno fresco.

- El ventrículo izquierdo impulsa la sangre a todas las partes del cuerpo. La sangre en el ventrículo izquierdo tiene altos niveles del oxígeno. Tiene bajos niveles del dióxido de carbono.

Los dos ventrículos impulsan la sangre fuera del corazón al mismo tiempo. A la vez que late el corazón, la sangre se "exprime" de los ventrículos.

La sangre corre en una sola dirección. El corazón y las venas tienen **válvulas** que evitan que la sangre corra para atrás. Una válvula es como una "solapa" de tejido.

Una pared muscular separa el lado derecho del corazón del izquierdo. Esta pared es el **septo**. La sangre no puede pasar de un lado del corazón al otro.

CÓMO FUNCIONA EL CORAZÓN

El corazón humano es como dos sistemas de bombeo diferentes. Un sistema sirve a los pulmones. El otro sirve a todo el cuerpo.

Vamos a seguir la trayectoria de la sangre hacia dentro y hacia fuera del corazón. **ANOTA:** Se ven los diagramas del corazón como si estuvieras cara a cara con una persona. El lado derecho del corazón está al lado izquierdo del diagrama. El lado izquierdo está a la derecha.

RECUERDA: En un corazón que funciona, las dos cavidades superiores se llenan de sangre al mismo tiempo. Las dos cavidades inferiores "exprimen" (impulsan la sangre hacia fuera) al mismo tiempo.

Vamos a estudiar el lado derecho primero. Luego, estudiaremos el lado izquierdo. De esta manera, comprenderás mejor cómo funciona el sistema circulatorio.

Las venas llevan la sangre de todas partes del cuerpo al corazón

Contesta las preguntas que siguen. Para hallar las respuestas, hay que repasar bien la lectura y fijarte bien en los diagramas.

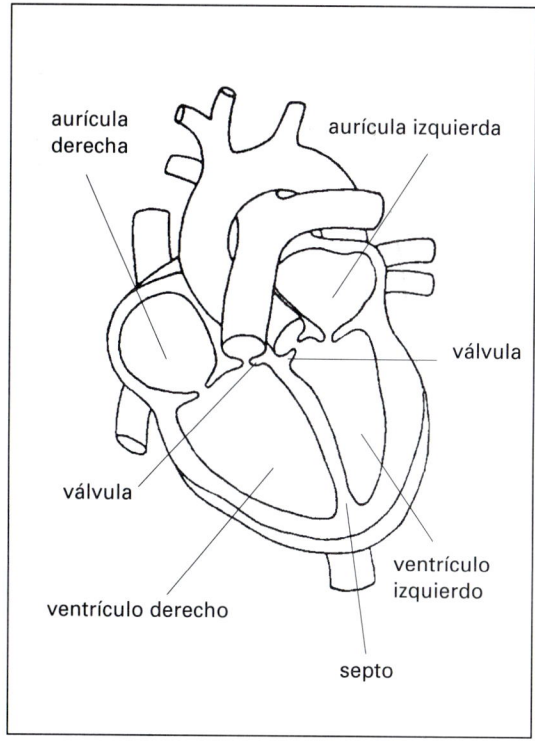

Figura A

1. ¿Cuál de las cavidades recibe la sangre de todas las venas del cuerpo?

    _____

2. a) La sangre pasa de esta cavidad al

    _____ .

    b) Mientras sucede esto, la válvula entre la aurícula derecha y el ventrículo derecho está

    _____ .
    abierta, cerrada

3. La sangre en el ventrículo derecho tiene altos niveles del

    _____ y bajos
    oxígeno, dióxido de carbono

    niveles del _____ .
    oxígeno, dióxido de carbono

4. El cuerpo _____ usar esta sangre.
    puede, no puede

5. ¿Adónde tiene que ir esta sangre para conseguir nuevas "provisiones" de oxígeno?

    _____

El ventrículo derecho se contrae. Exprime la sangre del corazón a los pulmones.

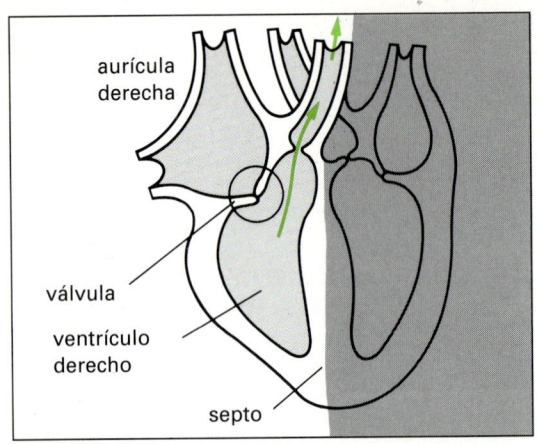

Figura B

6. **a)** Cuando el ventrículo derecho se contrae, la válvula entre la cavidad superior y la inferior está

   _____.

   abierta, cerrada

   b) ¿Qué es lo que se evita con esto?

   _____

7. La sangre impulsada hacia fuera del ventrículo derecho pasa _____.

   al cuerpo, a los pulmones

8. En los pulmones, la sangre se deshace del _____ y recoge el

   oxígeno, dióxido de carbono

   _____.

   oxígeno, dióxido de carbono

9. Las células _____ usar esta sangre.

   pueden, no pueden

10. ¿Adónde tiene que ir la sangre antes de poder ir a todas las otras partes del cuerpo?

    _____

Las venas llevan la sangre renovada de vuelta al corazón desde los pulmones.

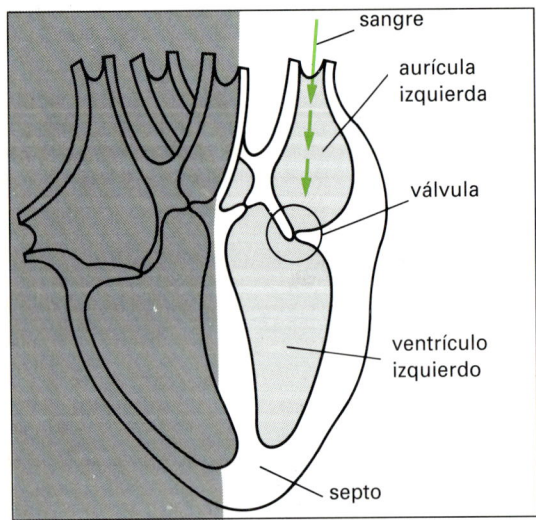

Figura C

11. ¿Cuál de las cavidades recibe la sangre renovada de los pulmones?

    _____

    la aurícula izquierda, el ventrículo izquierdo

12. **a)** Luego, la sangre pasa

    _____.

    a la aurícula izquierda, al ventrículo izquierdo

    b) A la vez que sucede esto, la válvula entre las dos cavidades izquier-

    das está _____.

    abierta, cerrada

El ventrículo izquierdo se contrae. Expulsa la sangre hacia fuera del corazón a todas las partes del cuerpo.

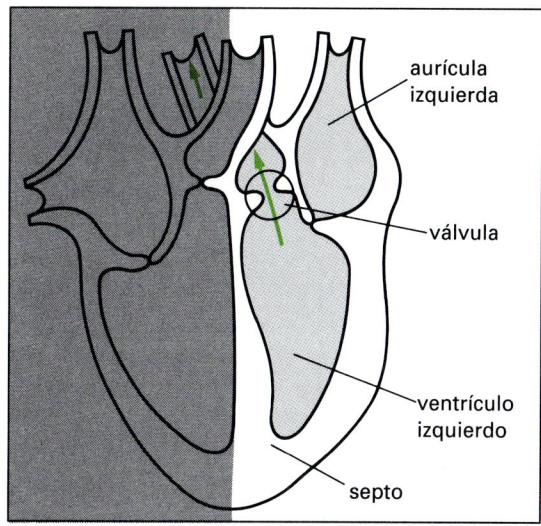

Figura D

13. a) Cuando el ventrículo izquierdo se contrae, la válvula entre las cavi-

dades izquierdas está _____.

abierta, cerrada

b) ¿Por qué?_____

_____

14. ¿Adónde va la sangre que sale del ventrículo izquierdo? _____

15. ¿Qué es lo que crees que sucede con la sangre DESPUÉS? _____

_____

¿QUÉ ES EL PULSO?

Cada vez que se contraen los ventrículos, la sangre se expulsa hacia fuera del corazón y entra en las arterias. Esta fuerza impulsa o empuja la sangre por las arterias en pulsaciones. Con cada pulsación, se puede sentir un latido. Este latido es un pulso.

Cada pulso te dice que se contraen los ventrículos.

UNA PULSACIÓN = UN LATIDO DEL CORAZÓN

¿Con qué rapidez late el corazón? Depende de varios factores: la edad, la actividad y tu estado de tranquilidad o de emoción.

El corazón de una persona adulta en reposo late aproximadamente 70 veces por minuto. El corazón de una persona joven late un poco más rápido.

La actividad, el miedo, la preocupación y la emoción son todos factores que hacen que lata más rápido el corazón.

Puedes sentir el pulso en una arteria que está cerca de la piel.

Cada pulsación te dice que el corazón está impulsando la sangre hacia fuera.

Hay varios lugares donde puedes tomarte el pulso. Generalmente se lo toma en la muñeca. La Figura E te muestra cómo hacerlo. Intenta tomarte el pulso. (No uses el dedo pulgar.)

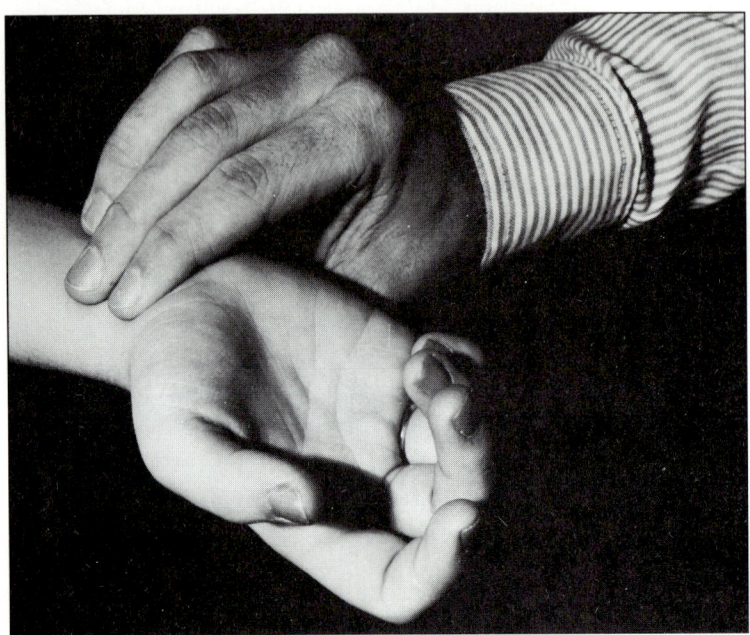

Figura E

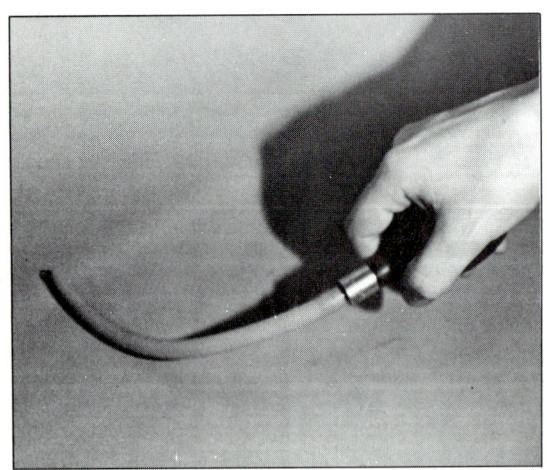

Figura F

Figura G

Puedes tener una idea de cómo funciona el pulso.

Aprieta una cubeta de caucho llena de agua. El tubo al extremo de la cubeta dará un "salto". Este "salto" es como una sola pulsación.

CÓMO TOMAR EL PULSO

Lo que necesitas (los materiales): tú

Cómo hacer este experimento (el procedimiento)

1. Tómate el pulso cuando estás en un estado de reposo.

2. Corre en el mismo lugar por 30 segundos. Vuelve a tomarte el pulso.

Lo que aprendiste (las observaciones)

1. Anota tus resultados en la tabla que sigue.

	Nombre	Prueba N.° 1 El pulso en reposo	Prueba N.° 2 El pulso después del ejercicio
1.			
2.			
3.			
4.			
5.			
	Totales		
	PROMEDIOS (Suma todos los pulsos en cada grupo de prueba. Luego, divide por 5.)		

Algo en que pensar (las conclusiones)

1. El pulso de todo el mundo _____ el mismo.

   es, no es

2. El ejercicio hace que la pulsación sea _____ .

   más lenta, más rápida

PALABRAS REVUELTAS

A continuación hay varias palabras que has usado en esta lección. Pon las letras en orden y escribe tus respuestas en los espacios en blanco.

1. OSVA _____

2. CÍRUALUA _____

3. ESTOP _____

4. ORTENLUVÍC _____

CIERTO O FALSO

En el espacio en blanco, escribe "Cierto" si la oración es cierta. Escribe "Falso" si la oración es falsa.

_____   **1.** El corazón es un músculo.

_____   **2.** El corazón tiene muchas funciones.

_____   **3.** Un corazón humano tiene cuatro cavidades.

_____   **4.** Las cavidades del corazón se llaman las arterias y las venas.

_____   **5.** La sangre pasa de las aurículas a los ventrículos.

_____   **6.** Los ventrículos reciben la sangre de las venas.

_____   **7.** Las arterias llevan la sangre fuera del corazón.

_____   **8.** El ventrículo derecho y el izquierdo impulsan la sangre al mismo tiempo.

_____   **9.** El corazón deja de latirse cuando duermes.

_____   **10.** Tu corazón late millones de veces al año.

AMPLÍA TUS CONOCIMIENTOS

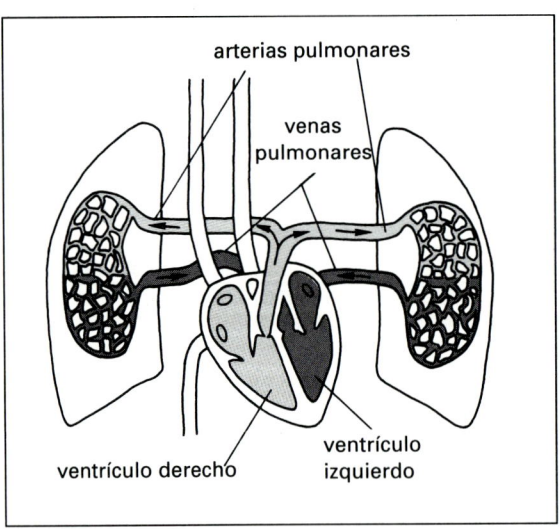

Figura H

1. Las arterias llevan sangre "renovada". Pero hay una excepción. ¿Cuáles de las arterias

   son las excepciones? _____

2. Las venas llevan sangre "pasada". Pero hay una excepción. ¿Cuáles de las venas son

   las excepciones? _____

¿Qué son la aspiración y la respiración?

15

respiración: proceso de llevar oxígeno a las células, de eliminar el dióxido de carbono y de descargar la energía

LECCIÓN 15 | ¿Qué son la aspiración y la respiración?

Necesitas energía para vivir. También la necesitan las aves, los árboles y las bacterias. Todos los seres vivos necesitan energía para realizar los procesos de vida. Y, no puede haber vida sin los procesos de vida.

¿Cómo adquieren la energía las plantas y los animales? Lo hacen de la misma manera en que un coche obtiene la energía, al quemar un combustible (carburante). Los coches usan la gasolina como un carburante. Se descarga la energía cuando el oxígeno del aire se mezcla con la gasolina en el motor.

Los animales adquieren energía al juntar el oxígeno que respiran con los alimentos que comen. Este proceso de vida importante se llama la **respiración**. La respiración es el proceso que produce energía en los seres vivos. Es el descargo de energía como resultado de la mezcla del oxígeno con los alimentos digeridos (la glucosa).

He aquí lo que sucede:

alimentos digeridos + oxígeno → energía y desechos

También se puede ilustrar la respiración de esta forma:

glucosa + oxígeno → energía + agua + dióxido de carbono
(carburante)   (desecho)   (desecho)

En los seres humanos y en muchos otros animales, la aspiración se realiza con los pulmones. Por la aspiración se introduce oxígeno en los pulmones. Aspirar (o inhalar) es introducir aire en los pulmones. Espirar (o exhalar) es expulsar aire de los pulmones.

La aspiración y la respiración están relacionadas, pero no son iguales. Se necesita la aspiración para que suceda la respiración. La aspiración es el proceso mecánico de introducir oxígeno en el cuerpo y de echar fuera del cuerpo dióxido de carbono.

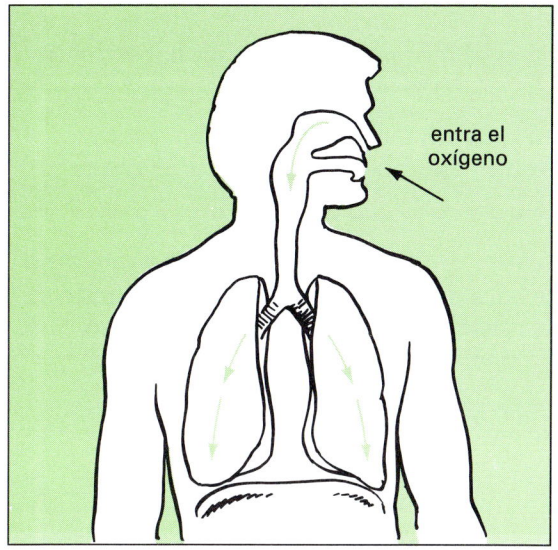

entra el oxígeno

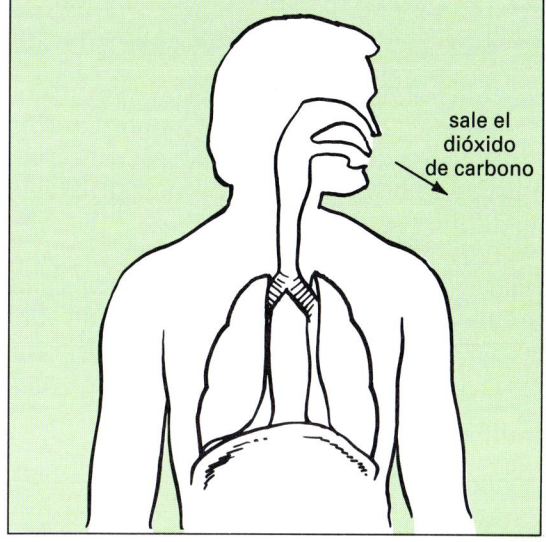

sale el dióxido de carbono

Figura A

Al aspirar (inhalar) se envía oxígeno a los pulmones.

Figura B

Al espirar (exhalar), se envía los desechos de dióxido de carbono hacia fuera de los pulmones.

Se realiza la respiración en todas las partes del cuerpo. La respiración usa el oxígeno que resulta de inhalar (inspirar) el aire en el cuerpo.

Trata de contestar estas preguntas acerca de la respiración.

1. ¿Qué lleva el oxígeno a todas las

   partes del cuerpo? _____

2. ¿Qué es lo que produce la respiración que todos los seres vivos necesitan?

   _____

3. ¿Cuáles son los desechos que resultan

   de la respiración? _____

   _____

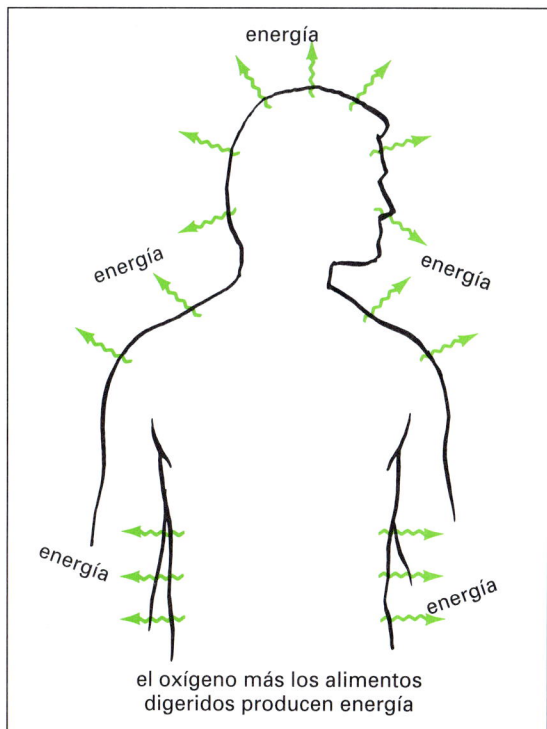

energía

energía

energía

energía

energía

energía

el oxígeno más los alimentos digeridos producen energía

Figura C

LA ASPIRACIÓN

La aspiración y la respiración están relacionadas. Pero <u>no</u> son iguales.

La respiración es un proceso químico. Sucede en cada célula. En la respiración los alimentos digeridos se combinan con el oxígeno. Esta unión produce la energía que las células necesitan.

La aspiración es una acción mecánica. La aspiración es el movimiento de gases hacia dentro y hacia fuera de los pulmones.

La aspiración es involuntaria. La haces automáticamente sin tener que pensarla. Aspiras todo el tiempo. Aspiras cuando estás despierto. Aspiras cuando estás dormido. ¡Aspiras aun cuando hayas perdido la conciencia!

¿Cómo se realiza la aspiración?

Muchas personas creen que el aire en los pulmones hace que el pecho suba y baje cuando aspiran. <u>No</u> es la verdad. En realidad, lo contrario es cierto. Es el tamaño del pecho que hace que el aire se mueva hacia dentro y hacia fuera de los pulmones.

El tamaño del pecho cambia cuando aspiras. Cambia como resultado de los movimientos de

• los músculos de las costillas y

• el músculo del diafragma.

INHALAR Y EXHALAR

En las Figuras D y E se ve lo que pasa cuando aspiras. Fíjate bien en los diagramas. Luego, contesta las preguntas.

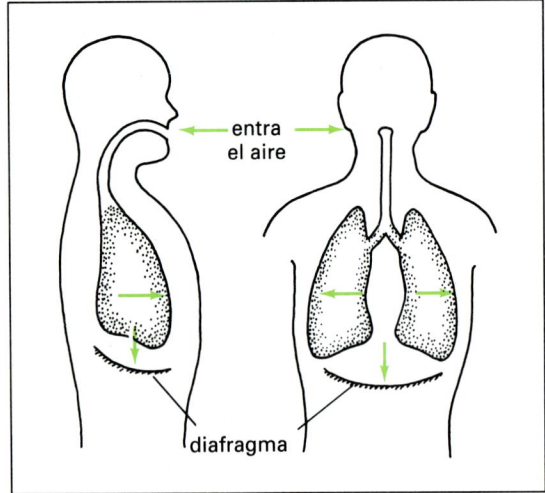

Figura D *Inhalar*

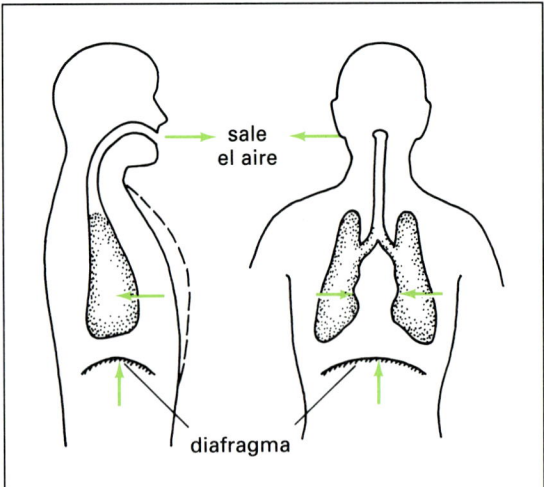

Figura E *Exhalar*

1. (Mira la Figura D.) Lo que pasa cuando inhalas...

   a) Las costillas se mueven _____ .

hacia adentro, hacia afuera

   b) El diafragma se mueve _____ .

hacia arriba, hacia abajo

   c) Ahora hay _____ lugar en el área del pecho.

más, menos

   d) El aire mueve rápidamente _____ para ocupar este lugar.

hacia adentro, hacia afuera

2. (Mira la Figura E.) Lo que pasa cuando exhalas...

   a) Las costillas se mueven _____ .

hacia adentro, hacia afuera

   b) El diafragma se mueve _____ .

hacia arriba, hacia abajo

   c) Ahora hay _____ lugar en el área del pecho.

más, menos

   d) Debido a esta presión, el aire se mueve _____ de los pulmones.

hacia dentro, hacia fuera

MÁS SOBRE LA ASPIRACIÓN

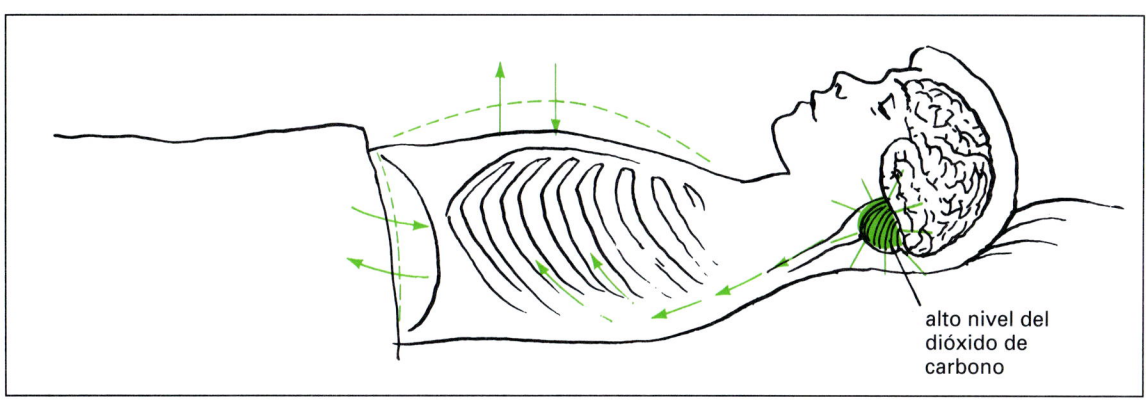

alto nivel del dióxido de carbono

Figura F

¿Por qué aspiras?

La aspiración es automática. Cuando aumenta el nivel del dióxido de carbono en la sangre, se envía un mensaje al cerebro. Luego, el cerebro envía un mensaje al diafragma y a los músculos de las costillas para que se muevan. ¡Así aspiras sin pensar!

¿INHALAR O EXHALAR?

Se hace cada una de las siguientes actividades al inhalar o al exhalar. Pon una marca (✔) en la casilla donde crees que pertenezca.

		INHALAR	EXHALAR
1.	el aire se mueve hacia fuera de los pulmones		
2.	el aire se mueve hacia dentro de los pulmones		
3.	las costillas se mueven hacia afuera		
4.	las costillas se mueven hacia adentro		
5.	el área del pecho se hace más pequeño		
6.	el área del pecho se hace más grande		
7.	el diafragma se mueve hacia abajo		
8.	el diafragma se mueve hacia arriba		

PALABRAS REVUELTAS

A continuación hay varias palabras que has usado en esta lección. Pon las letras en orden y escribe tus respuestas en los espacios en blanco.

1. RAXLEHA   _____

2. LOMUSCÚ   _____

3. HILRANA   _____

4. GAMAFRADI   _____

5. LLASTOSIC   _____

¿Qué es el sistema respiratorio?

16

alvéolos: bolsas microscópicas de aire dentro de los pulmones
bronquios: tubos que conducen a los pulmones
tráquea: tubo que deja pasar el aire

LECCIÓN 16 | ¿Qué es el sistema respiratorio?

Casi todos los seres vivos necesitan tomar oxígeno para vivir. La aspiración es el proceso de introducir aire en el organismo. La aspiración también expulsa el aire usado.

Como acabas de aprender, se realiza la aspiración por medio de los pulmones. Los pulmones, junto con varios otros órganos, forman el sistema respiratorio. La función del sistema respiratorio es introducir oxígeno en los pulmones y expulsar el dióxido de carbono y el agua.

Vamos a seguir la trayectoria del aire cuando inhalas y exhalas.

1. El aire entra en el cuerpo por la boca o la nariz.

2. El aire pasa a la garganta y luego pasa por la **tráquea.**

3. La tráquea se divide en dos tubos que se llaman **bronquios.** Cada bronquio se extiende hasta uno de los pulmones.

4. Los pulmones son los órganos principales del sistema respiratorio. Dentro de los pulmones, los bronquios se ramifican en tubos que se hacen cada vez más pequeños. Al extremo de los tubitos más pequeños hay pequeñas bolsas de aire. En cada pulmón hay millones de bolsas de aire. Cada bolsa de aire está rodeada de capilares.

Cuando el aire está en las bolsas de aire, suceden dos cosas importantes:

• La sangre recoge el oxígeno de las bolsas de aire.

• Al mismo tiempo, las bolsas de aire recogen los desechos de dióxido de carbono de la sangre.

Cuando exhalas, expeles hacia afuera el dióxido de carbono. Además se exhala algo de los desechos de agua y del calor.

SOBRE EL APARATO RESPIRATORIO

La trayectoria que sigue el aire cuando aspiramos se llama el aparato respiratorio. La Figura A lo enseña. Fíjate bien. Luego contesta las preguntas o termina las oraciones.

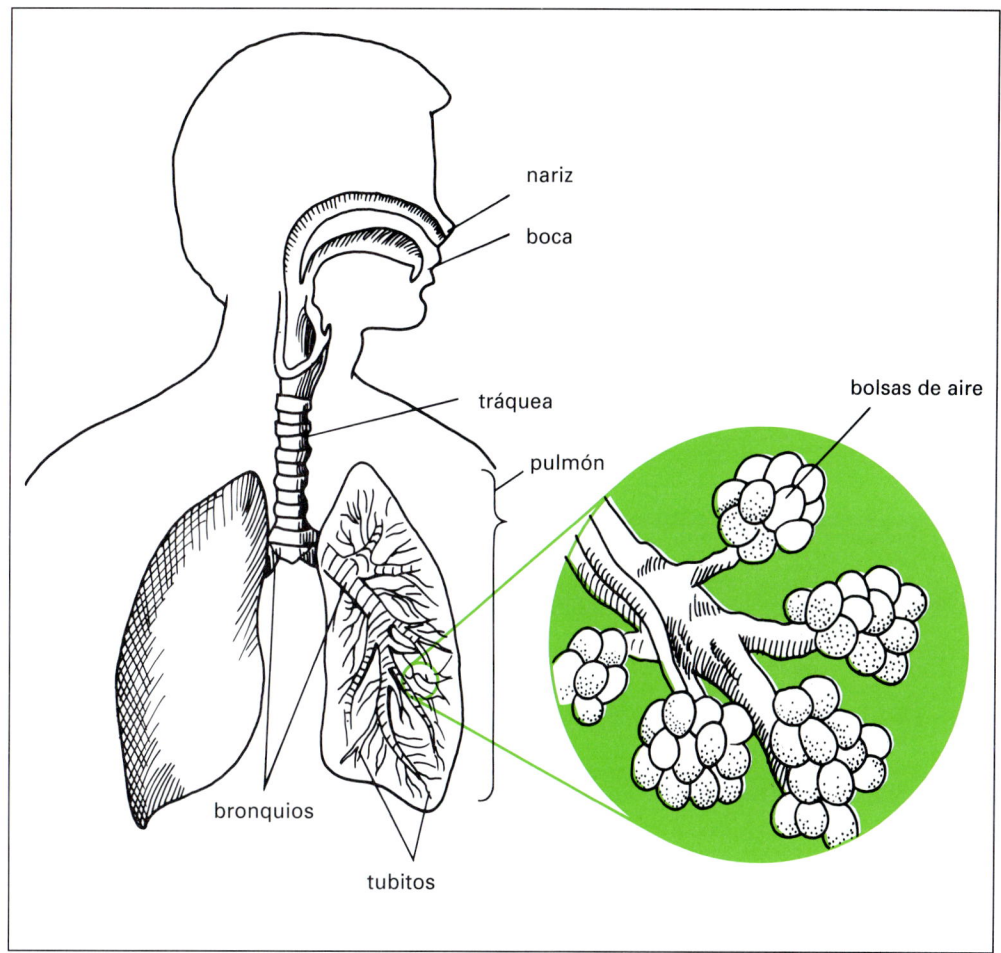

Figura A *Fíjate en la sección aumentada del pulmón. Cada tubito termina en una bolsa de aire.*

1. El aparato respiratorio empieza con la _____ y la _____ .

2. El aparato respiratorio termina en millones de _____ diminutas.

3. ¿Cuántos pulmones tiene una persona por lo general? _____

4. Aquí hay una lista de las partes del aparato respiratorio. Pero no están ordenadas. Escríbelas en el orden que sigue el aire cuando pasa por el cuerpo.

   bronquios   boca y nariz   bolsas de aire   tráquea   tubitos

   _____ , _____ , _____ , _____ , _____ .

5. Cada bronquio se extiende hasta un _____ .

¿QUÉ SUCEDE DENTRO DE LOS PULMONES?

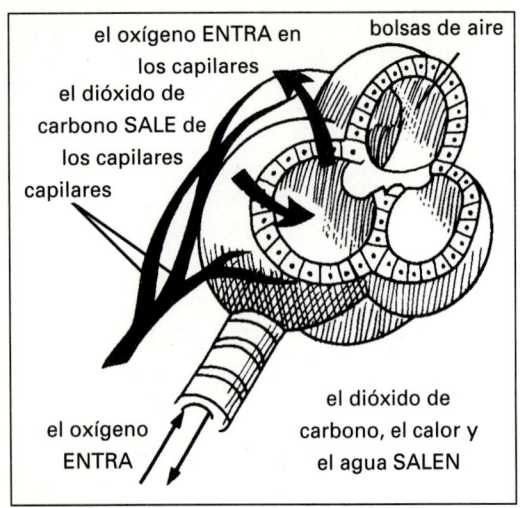

el oxígeno ENTRA en los capilares

el dióxido de carbono SALE de los capilares

capilares

bolsas de aire

el oxígeno ENTRA

el dióxido de carbono, el calor y el agua SALEN

Los pulmones tienen millones de bolsas de aire. Estas bolsas de aire también se llaman **alvéolos**. Los alvéolos son muy pequeños. Necesitas usar un microscopio para verlos.

Figura B

1. El aire que entra en las bolsas de aire es muy rico en _____ .

   oxígeno, dióxido de carbono

2. El aire que sale de las bolsas de aire es rico en el gas del _____ .

   oxígeno, dióxido de carbono

3. Las bolsas de aire están rodeadas de _____ .

4. Los capilares alrededor de las bolsas de aire reciben _____ y se deshacen del

   oxígeno, dióxido de carbono

   _____ .

   oxígeno, dióxido de carbono

5. Escribe los tres desechos excretados por los pulmones.

   _____ , _____ , _____ .

HACER CORRESPONDENCIAS

Empareja cada término de la Columna A con su descripción en la Columna B. Escribe la letra correcta en el espacio en blanco.

Columna A

_____ 1. exhalar

_____ 2. inhalar

_____ 3. las bolsas de aire

_____ 4. la tráquea

_____ 5. los capilares

Columna B

a) donde se intercambian los gases

b) tubo por el que pasa el aire

c) aspirar hacia adentro

d) rodean las bolsas de aire

e) aspirar hacia afuera

COMPLETA LA ORACIÓN

Completa cada oración con una palabra o una frase de la lista de abajo. Escribe tus respuestas en los espacios en blanco. Se pueden usar algunas palabras más de una vez.

alvéolos   tubo en la garganta   nariz
inhalar   bronquios   capilares
boca   exhalamos   cada vez más pequeños

1. Aspirar hacia adentro significa lo mismo que _____ .

2. Inhalamos por la _____ o la _____ .

3. La tráquea es el nombre del _____ .

4. La tráquea se divide en dos tubos que se llaman _____ .

5. En los pulmones, los tubos se ramifican en tubitos que se hacen _____ _____ .

6. Los pulmones tienen millones de pequeñas bolsas de aire que se llaman _____ .

7. Las bolsas de aire tienen muchos _____ .

8. Nos deshacemos del desecho del dióxido de carbono cuando _____ .

ROTULA EL DIAGRAMA

Identifica las partes del sistema respiratorio. Escribe la letra correcta en los espacios en blanco.

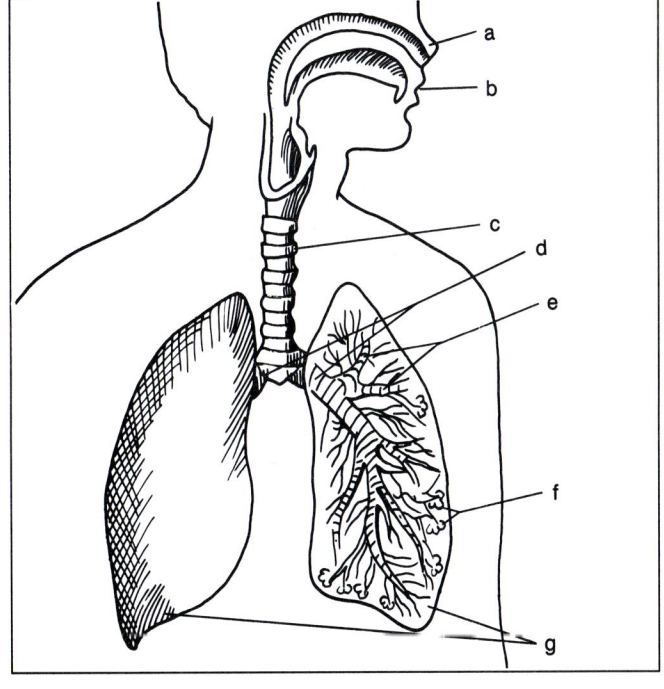

Figura C

1. bronquios _____

2. nariz _____

3. tubitos _____

4. boca _____

5. bolsas de aire _____

6. tráquea _____

7. pulmones _____

¿CÓMO SE COMPRUEBA QUE EXHALAMOS DIÓXIDO DE CARBONO?

Lo que necesitas (los materiales)

agua de cal   un popote
taza de plástico

Lo que necesitas saber

1. El agua de cal es un líquido claro o transparente.

2. El agua de cal se vuelve lechosa cuando se mezcla con el dióxido de carbono.

limewater

Figura D *"Agua de cal"*

Cómo hacer el experimento (el procedimiento)

1. Echa el agua de cal en la taza de plástico.

2. Por el popote, exhala normalmente en el agua de cal. **ADVERTENCIA: No aspires (inhales). Ten cuidado de no dejar que la solución entre en la boca.**

3. Observa el agua de cal. Si no ocurre un cambio de color después de un minuto, sigue exhalando en la solución hasta que veas un cambio. Anota el tiempo que se necesita para que el agua de cal muestre un cambio.

   Hora de comenzar: _____ Hora de terminar: _____

Lo que aprendiste (las observaciones)

1. El agua de cal _____ .
   se   quedó clara, se volvió lechosa

2. ¿Cuánto tiempo pasó para que la solución cambiara de color? _____

Algo en que pensar (las conclusiones)

1. Los gases que se mezclaron con el agua de cal vinieron _____ .
   del aire, de los pulmones

2. Has comprobado que los pulmones excretan _____ .
   dióxido de carbono, oxígeno

¿Qué es la excreción?

17

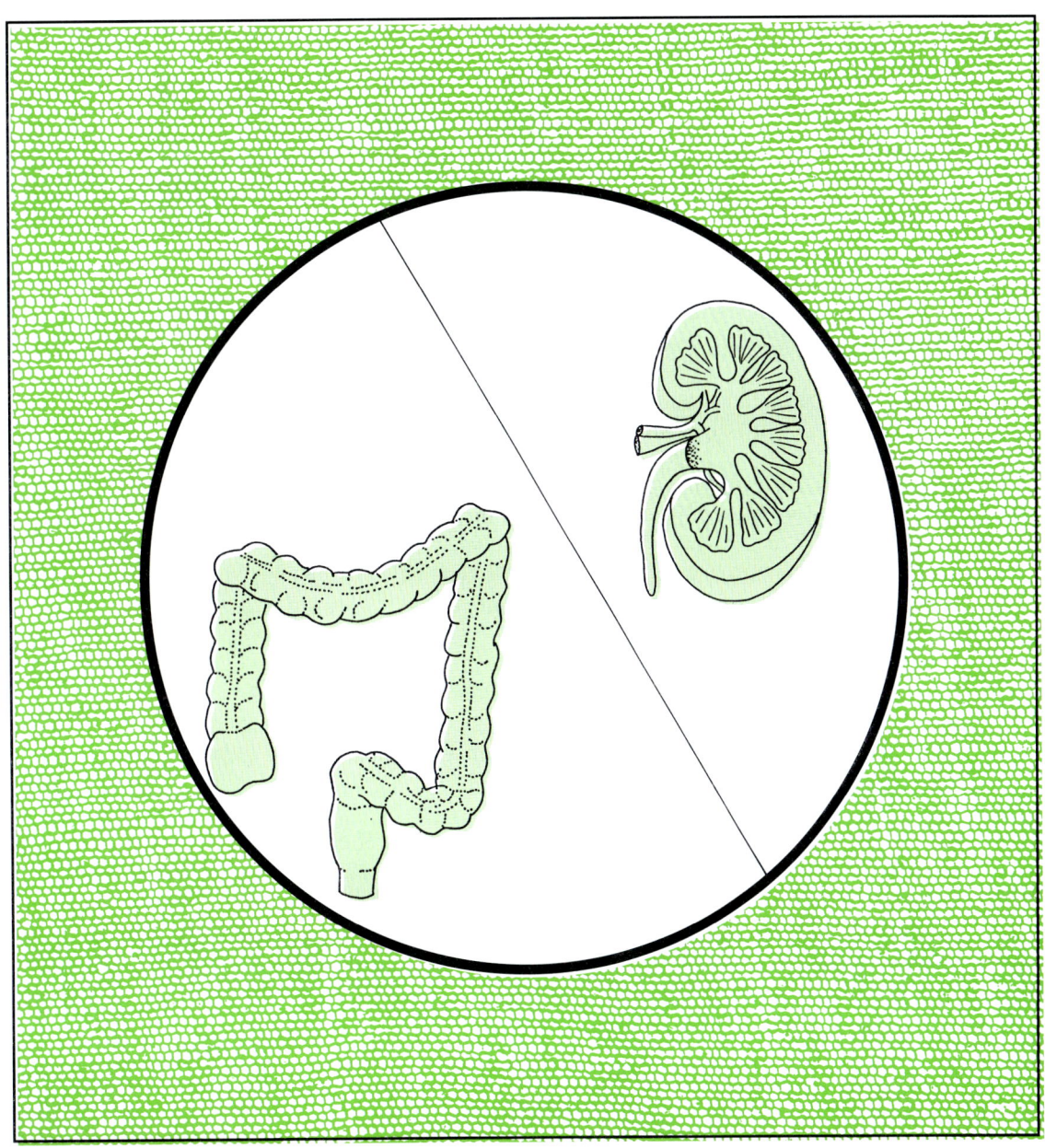

excreción: proceso de expeler los desechos del cuerpo

LECCIÓN 17 | ¿Qué es la excreción?

¿Puedes imaginar una ciudad sin alcantarillas, chimeneas ni la recolección de basuras? Los materiales de desechos se acumularían sin fin. Dentro de poco, todo el mundo tendría que mudarse. Nadie podría vivir allí.

El cuerpo también tiene que deshacerse de los desechos. No puedes vivir sin expeler los productos de desechos.

El cuerpo produce varios tipos de desechos. Hay dos tipos principales: los desechos sólidos no digeridos y los desechos fabricados por las células.

Has aprendido ya que los desechos sólidos no digeridos salen del cuerpo por el intestino grueso. Este proceso se llama la eliminación.

Las células producen muchos desechos distintos. Estos desechos incluyen agua, calor, dióxido de carbono, sales y urea. La urea es un compuesto de nitrógeno.

La expulsión de los desechos producidos por las células se llama la **excreción**. Durante la excreción, la sangre recoge los desechos de las células. Los desechos se envían a los órganos especiales que expelen los desechos del cuerpo.

En muchos animales, el dióxido de carbono sale del cuerpo por los pulmones. El desecho líquido, la orina, se produce en los riñones. La orina consiste en agua, calor y sustancias químicas dañinas. El calor y el agua, al igual que la sal, se excretan del cuerpo a través de la piel en la forma de la transpiración (el sudor).

CÓMO LAS CÉLULAS PRODUCEN LOS DESECHOS

Cuando la glucosa de los alimentos se mezcla con el oxígeno en las células, se producen calor y otros tipos de energía. Se usa esta energía para realizar algunos de los procesos de vida. Como un resultado de este proceso, se forman los desechos. La siguiente ecuación muestra este proceso:

glucosa + oxígeno → **dióxido de carbono + agua + calor sobrante**

(desecho)   **(desecho)**   **(desecho)**

Si no se expelen estos desechos del cuerpo, te pueden hacer mucho daño. Los órganos del sistema excretorio sacan estos desechos. Por ejemplo, los pulmones se deshacen del dióxido de carbono y del agua. Los riñones eliminan los desechos líquidos. La piel se deshace de desechos líquidos y te ayuda a eliminar el calor sobrante.

LOS DESECHOS SÓLIDOS

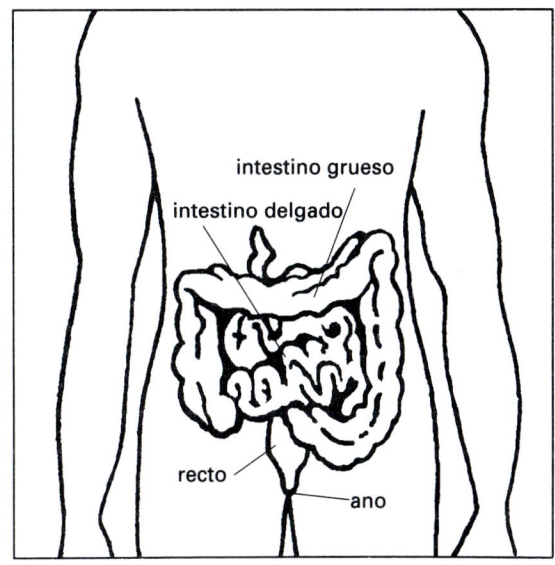

intestino grueso

intestino delgado

recto

ano

Figura A

Algunas partes de los alimentos que comes no se pueden digerir. Estos alimentos no digeridos se convierten en desechos. Estos desechos pasan por el intestino delgado al intestino grueso. Se quita el agua de los desechos en el intestino grueso. Los desechos se convierten en sólidos. Los desechos sólidos pasan del intestino grueso al recto. Del recto, los desechos se excretan por el ano.

¿QUÉ MUESTRA EL DIAGRAMA?

Los desechos salen del cuerpo por muchos caminos. Fíjate en el diagrama. Ciertas partes del cuerpo están identificadas con rótulo. Cada parte elimina ciertos desechos.

Los desechos son

dióxido de carbono	sustancias químicas dañinas
desechos sólidos	agua
sales	calor

1. Escribe el desecho que corresponde a cada parte. Recuerda, algunos desechos salen del cuerpo por más de una parte.

    Piel _____

    Intestino grueso _____

    Pulmones _____

    Riñones _____

    _____

Figura B

AMPLÍA TUS CONOCIMIENTOS

¿Por qué crees que se refiere a la piel como un "acondicionador de aire"? _____

_____

_____

¿Qué es el sistema excretorio?

18

sistema excretorio: sistema del cuerpo encargado de expeler los desechos del cuerpo

LECCIÓN 18 | ¿Qué es el sistema excretorio?

La expulsión o eliminación de los desechos del cuerpo es la función del **sistema excretorio**. Los órganos principales del sistema excretorio son los pulmones, los riñones y la piel.

LOS PULMONES

Ya has aprendido que los pulmones excretan los desechos del dióxido de carbono. Los pulmones también excretan pequeñas cantidades de calor y de agua.

LA PIEL

La piel excreta la mayor cantidad del desecho del calor sobrante. Además, la piel quita un poco de agua, unas sales y una pequeña cantidad de la urea. Se excretan estos desechos por la piel en la forma del sudor o la transpiración. La transpiración, o el sudor, ayuda al cuerpo a refrescarse o enfriarse un poco. Cuando se evapora el sudor por encima de la piel, el cuerpo se pone más fresco. La evaporación es la transformación de un líquido a un gas. Al evaporarse el sudor, se está quitando el calor del cuerpo.

LOS RIÑONES

Los riñones excretan un desecho líquido que se llama orina. La orina es una mezcla. Se forma principalmente del agua y de la urea. Pero también contiene unas sales. Un poco del calor se quita del cuerpo también por los riñones.

Se muestran los órganos del sistema excretorio en la Figura A.

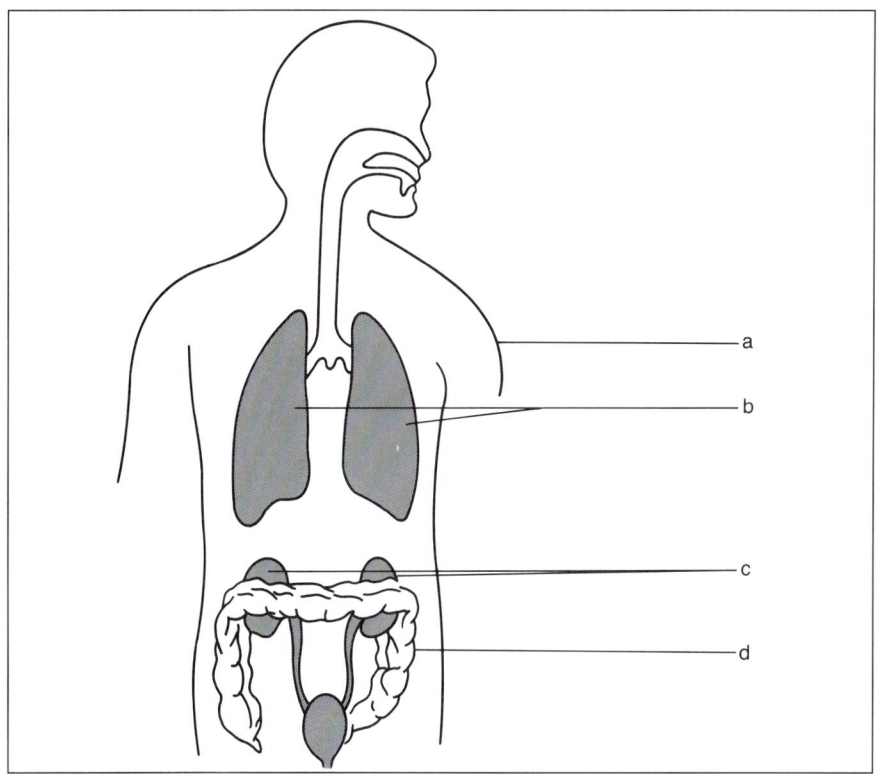

Figura A

1. ¿Puedes identificar las partes? Escribe la letra correcta en el espacio en blanco que corresponde a cada parte.

    riñones _____   intestino grueso _____

    pulmones_____   piel _____

2. ¿Cuál es un órgano de eliminación?_____

3. ¿Cuáles son órganos de excreción?_____ _____ _____

4. Escribe cinco desechos que el cuerpo necesita excretar. _____

    _____ _____ _____ _____

5. **a)** ¿Cuál de estos desechos se excreta solamente por los pulmones?_____

    _____

    b) ¿Cuáles son otros desechos que los pulmones ayudan a excretar? _____

    _____

6. Los riñones excretan una mezcla líquida que se llama orina.

a) Escribe los dos desechos principales de la orina. _____ y

_____

b) ¿Cuáles son otros desechos que se encuentran en la orina?_____

7. **a)** ¿Cuál es el desecho principal que se excreta la piel?_____

b) ¿Cuáles son otros desechos que la piel excreta? _____ ,

_____ y _____

LOS PULMONES COMO ÓRGANOS DE LA EXCRECIÓN

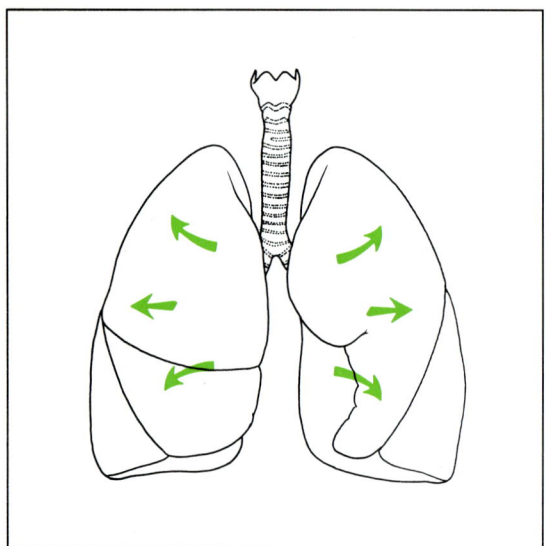

Figura B

Los pulmones excretan dióxido de carbono.

¿Cuáles son otros desechos que los pulmones excretan en pequeñas cantidades?

_____

BUSCA LOS RIÑONES TUYOS

En la Figura C se puede ver dónde están situados los riñones.

Con los puños, busca los riñones de la misma forma que se ve en la figura.

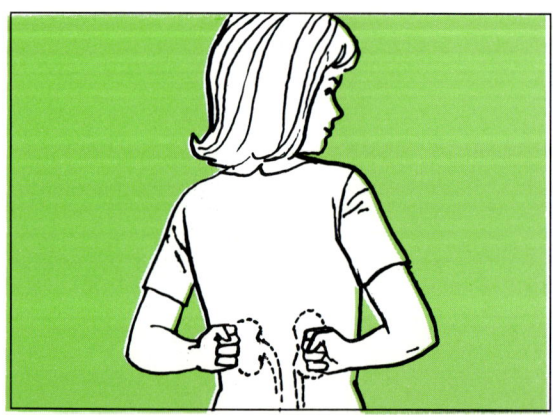

Figura C

LOS RIÑONES

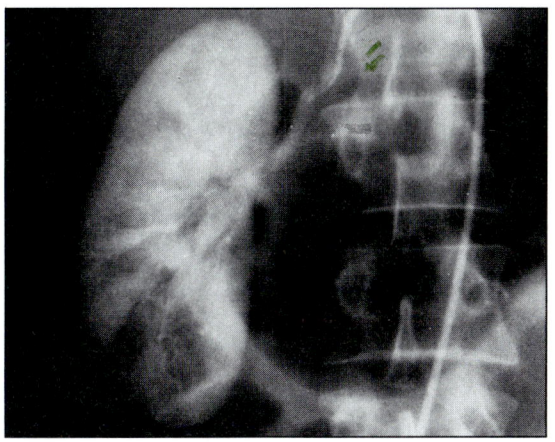

El trabajo principal de los riñones es filtrarse los desechos de la sangre. Dentro de cada riñón hay millones de tubitos diminutos. Se encuentran muchos capilares enrollados en estos tubitos. Mientras la sangre fluye por los tubitos, se filtran agua, sales y urea. Estos desechos salen del riñón y pasan al tubo del riñón que se llama el uréter. Este desecho líquido se llama orina. La orina sale del uréter y se acumula en la vejiga. Por fin, la orina sale de la vejiga por la uretra.

Figura D *Un riñón.*

EL SISTEMA RENAL

En la Figura E se ven los riñones y las vías orinarias. Recuerda: la excreción es la expulsión de desechos del cuerpo. Trata de identificar cada parte, basándote en la descripción. Escribe la letra correspondiente a cada parte junto a su descripción.

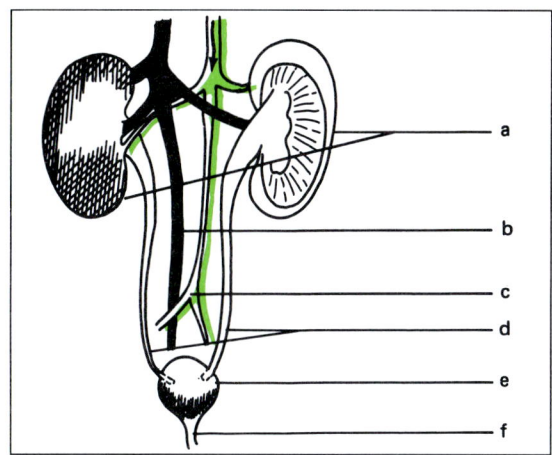

Figura E

1. El desecho líquido que se forma en los riñones se llama la

   _____.

   orina, transpiración

2. ¿Cuántos riñones tiene una persona?

   _____

_____ 3. Riñones: tienen la forma parecida a la de judías. Los riñones producen la orina.

_____ 4. Uréteres: la orina sale de los riñones por estos tubos. Hay dos uréteres, uno para cada riñón.

_____ 5. Vejiga: una bolsa en que se acumula y se almacena la orina.

_____ 6. Uretra: un tubo que lleva la orina de la vejiga hacia fuera del cuerpo. Solamente hay una uretra.

_____ 7. Vasos sanguíneos: llevan la sangre hacia el riñón y hacia fuera del riñón. (Pista: Hay que buscar dos letras para esta parte.)

La Figura F muestra las partes de la piel.

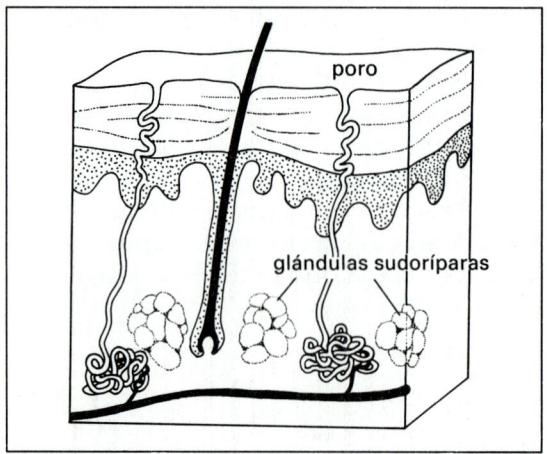

Figura F

1. La piel tiene muchas glándulas. Se enseña una de estas glándulas en la Figura F.

   a) ¿Cómo se llama esta glándula?

   _____

   b) Nombra la mezcla líquida que se produce en esta glándula.

   _____

   c) Escribe los tres materiales que

   forman esta mezcla. _____ ,

   _____ y _____

   d) El desecho principal que se excre-

   ta por la piel es _____ .

EL HÍGADO COMO UN ÓRGANO DE LA EXCRECIÓN

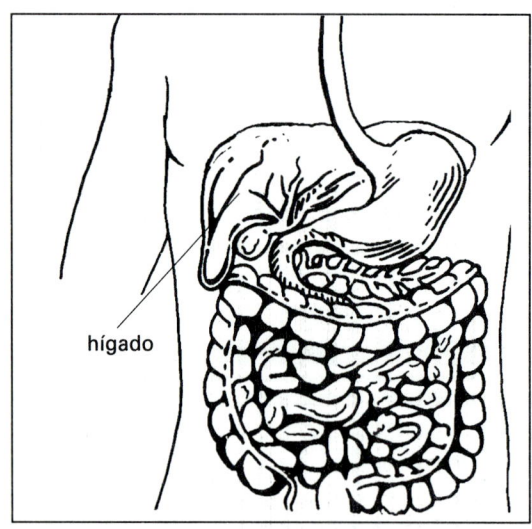

Figura G

Los pulmones, la piel y los riñones son los órganos principales de la excreción. Recogen los desechos de la sangre y los excretan directamente.

El hígado también es un órgano de la excreción. Pero el hígado no excreta los desechos de por sí. Los otros órganos lo hacen. Por esta razón se considera el hígado como un órgano secundario de la excreción.

El hígado trata los desechos de las células de varias maneras:

- El hígado DEBILITA determinadas sustancias químicas. Estas sustancias se vuelven no dañinas.

- El hígado TRANSFORMA algunas sustancias nocivas. Estas sustancias se vuelven útiles.

Por ejemplo: El hígado produce la bilis de las sustancias dañinas. La bilis es importante para la digestión de las grasas. Después de que la bilis ayuda a descomponer las grasas, se evacua de los intestinos.

- El hígado COMBINA ciertas sustancias dañinas. Las prepara para la excreción.

Por ejemplo: El hígado combina dos desechos dañinos: el amoníaco y un poco de dióxido de carbono. Mezcladas, estas dos sustancias forman urea. La sangre transporta urea a los riñones donde se forma parte de la orina. Luego, se excreta.

amoníaco + dióxido de carbono $\rightarrow$ **urea**

desechos dañinos   desecho venenoso
excretado por los riñones

- El hígado también DESCOMPONE los glóbulos rojos de la sangre que están muertos y los pasan al aparato digestivo. Luego, se eliminan con el desecho sólido de los intestinos.

EN TUS PALABRAS

Contesta las siguientes preguntas con oraciones breves. Usa tus propias palabras.

1. ¿Por qué se considera el hígado como un órgano secundario de la excreción?

   _____

   _____

2. Describe las cuatro formas en que el hígado trata los desechos de las células.

   a) _____

   b) _____

   c) _____

   d) _____

3. a) Se forma la bilis de sustancias _____ .
   no dañinas, dañinas

   b) ¿Qué es la función de la bilis? _____

c) Cuando la bilis acaba de trabajar, ¿qué le pasa? _____

d) ¿Cuál de los órganos fabrica la bilis? _____

4. **a)** El amoníaco y el dióxido de carbono se mezclan para formar _____ .

　　b) ¿En cuál de los órganos se produce la urea? _____

　　c) La urea es una sustancia _____ .
　　　　　　　　　　　　　　　　　　　　útil, dañina

　　d) ¿Qué órgano excreta la urea? _____

5. **a)** ¿Cuál de los órganos descompone los glóbulos rojos de la sangre? _____

　　b) ¿Cómo se eliminan los glóbulos rojos muertos del cuerpo?

　　　　_____

6. El hígado excreta los desechos _____ .
　　　　　　　　　　　　　　　por su propia cuenta, a través de otros órganos

AMPLÍA TUS CONOCIMIENTOS

Las células corporales producen aún más desechos cuando tú estés activo. ¿Qué hace el corazón para ayudar a eliminar estos desechos adicionales?

_____

_____

_____

_____

_____

¿Qué son los órganos de los sentidos?

19

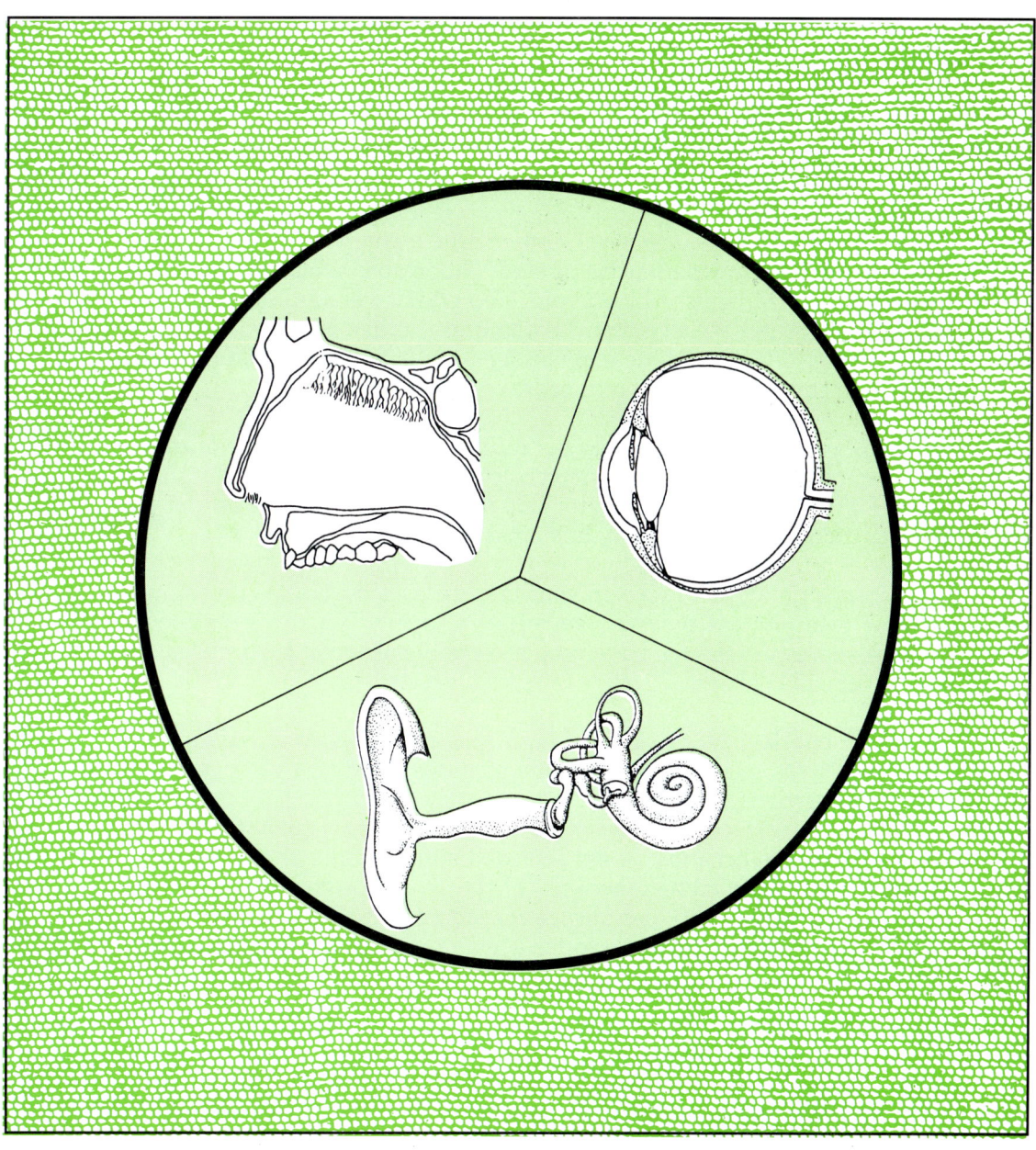

LECCIÓN 19 | ¿Qué son los órganos de los sentidos?

Desde el momento en que naciste, comenzaste a aprender. Cada momento te proporcionaba experiencias nuevas. Saboreabas y olías. Escuchabas y tocabas todo. Mirabas. Al principio, sólo podías ver sombras borrosas. Luego, día tras día, se aclaraban las sombras. Podías ver claramente . . . Y, ¡te acordaste! Aprendiste a reconocer a tu madre y a tu padre, tu biberón, la cuna, los objetos en tu cuarto. Todo era nuevo.

Nosotros aprendemos y sabemos del mundo que nos rodea por nuestros sentidos. Los seres humanos tienen cinco sentidos principales: la vista, el oído, el gusto, el olfato y el tacto. Los órganos de los sentidos son los ojos, los oídos, la nariz, la piel y la lengua.

Los órganos de los sentidos son sensibles a clases especiales de estímulos. Por ejemplo, los ojos son sensibles a la luz. No son sensibles a sonidos, olores ni sabores. La lengua es sensible al sabor. No puedes oír, oler ni ver con la lengua.

Nuestros sentidos nos avisan de lo que sucede a nuestro alrededor. Las respuestas a los mensajes de nuestros sentidos ayudan a protegernos y mantenernos vivos.

Sin embargo, los órganos de los sentidos simplemente son receptores. Reciben estímulos y envían mensajes al cerebro. El cerebro interpreta los mensajes. En realidad lo que mira, oye, saborea, huele y toca es el cerebro. En esta lección, vas a aprender acerca de cada órgano de los sentidos.

LOS OJOS

Refiérete a la Figura A mientras lees sobre las distintas partes del ojo. La <u>córnea</u> es la ventana transparente del ojo, por donde la luz entra en el ojo. El <u>iris</u> es la parte de forma de anillo que tiene color. El iris le da al ojo su color. La <u>pupila</u> es la abertura en el centro del iris que cambia de tamaño de acuerdo con la cantidad de luz que entra en el ojo. La <u>lente</u> ayuda a enfocar la luz. La <u>retina</u> es la capa nerviosa del ojo que es sensible a la luz. El <u>nervio óptico</u> conduce hacia fuera de la retina. Lleva mensajes sobre la luz al cerebro. Luego, el cerebro interpreta los mensajes.

Identifica las partes del ojo en la Figura A. Escribe la letra correcta en cada espacio en blanco.

_____ **1.** retina

_____ **2.** pupila

_____ **3.** nervio óptico

_____ **4.** iris

_____ **5.** córnea

_____ **6.** lente

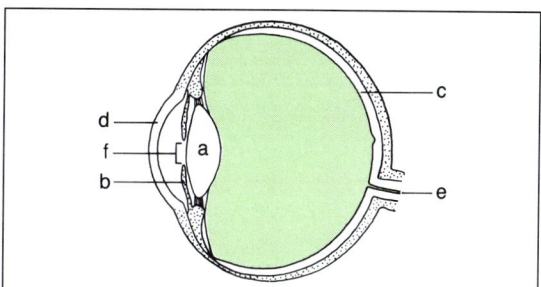

Figura A *El ojo.*

7. El nervio óptico va _____ .

LOS OÍDOS

Las vibraciones causan los sonidos. Se describe a continuación la trayectoria de las vibraciones a través del oído. Identifica cada parte por la letra correspondiente.

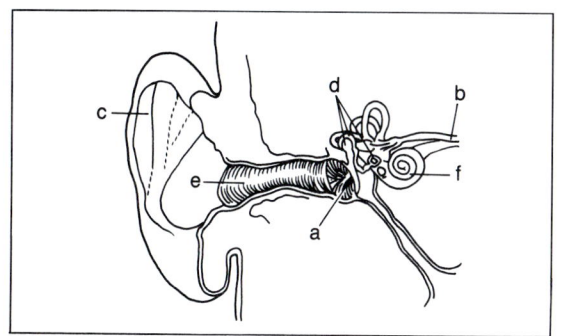

Figura B *El oído.*

_____ **1.** Las vibraciones de aire las "recoge" el <u>oído</u> <u>externo.</u>

_____ **2.** Las vibraciones pasan por el <u>conducto</u> <u>auditivo.</u>

_____ **3.** Las vibraciones hacen vibrar el <u>tímpano.</u>

_____ **4.** El tímpano deja pasar las vibraciones a tres <u>huesecillos.</u>

_____ **5.** El último hueso transmite las vibraciones a la <u>cóclea,</u> que tiene forma de caracol.

_____ **6.** Por dentro, la cóclea tiene pelitos microscópicos que vibran y también contiene un líquido. Las vibraciones se transmiten al <u>nervio</u> <u>auditivo.</u>

7. ¿Adónde conduce el nervio auditivo? _____

LA LENGUA

La lengua es sensible a determinadas sustancias químicas. Ya sabes que hay diferentes tipos de sabores: dulce, amargo, agrio y salado. En la lengua hay cuatro clases de receptores especializados que se llaman papilas gustativas. Cada clase de papila gustativa es sensible a un sabor en particular. Están ubicadas en diferentes partes de la lengua.

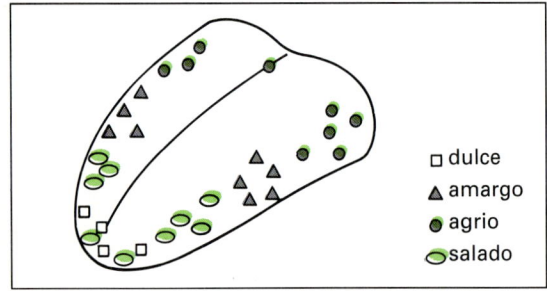

□ dulce
▲ amargo
● agrio
○ salado

Figura C *La lengua.*

1. Las papilas gustativas en la parte de atrás de la lengua perciben sabores

_____ .

2. Las papilas gustativas por el medio de los lados perciben sabores

_____ .

3. Las papilas gustativas en la punta de la lengua perciben sabores_____ .

4. Las papilas gustativas en los lados, que están más hacia la punta, perciben sabores

_____ .

5. Las papilas gustativas envían mensajes al _____ .

LA NARIZ

Igual que la lengua, la nariz es sensible a ciertas sustancias químicas. Cuando inhalas o aspiras por la nariz, el aire entra en un lugar que se llama la cavidad nasal. En la parte de arriba de la cavidad nasal hay muchos términos nerviosos que son sensibles a los olores. Estos términos nerviosos "recogen" los mandatos. Todos los términos nerviosos se unen en un solo nervio del olfato.

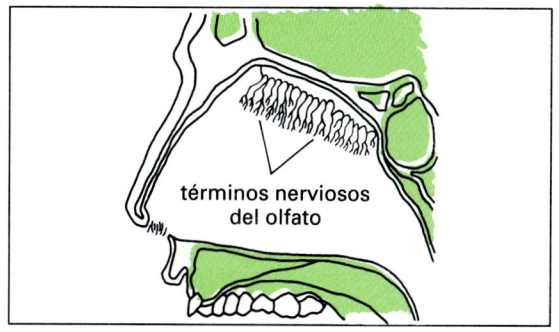

Figura D *La nariz.*

1. ¿Dónde crees que termina el nervio

   del olfato?_____

LA PIEL

Hay varios sentidos del "tacto": dolor, calor, frío, tacto simple y presión. La piel tiene receptores especializados para cada uno. Algunas secciones de la piel son más sensibles que otras.

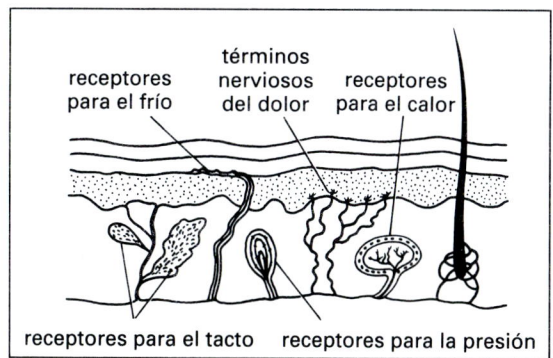

Figura E *La piel.*

1. Más receptores resultan en la sensibi-

   lidad _____ .
   aumentada, disminuida

2. ¿Dónde terminan todos los receptores

   del tacto?_____

3. ¿Qué interpreta los mensajes del

   tacto?_____

COMPLETA LA ORACIÓN

Completa cada oración con una palabra o una frase de la lista de abajo. Escribe tus respuestas en los espacios en blanco. Se pueden usar algunas palabras más de una vez.

sabores	olores	iris	dolor
sonidos	cóclea	amargo	calor
tacto	nariz	agrio	frío
luz	dulce	salado	presión

1. Los ojos son sensibles a la _____ .

2. Los oídos son sensibles a los_____ .

3. La nariz es sensible a los_____ .

4. La lengua es sensible a los_____ .

5. La piel es sensible al _____ .

6. El _____ es la parte del ojo que tiene color.

7. La_____ es el hueso del oído que tiene forma de caracol.

8. Los cuatro sabores que la lengua puede percibir son _____ ,

   _____ , _____ y _____ .

9. El nervio del olfato se encuentra en la _____ .

10. La piel puede percibir_____ , _____ , _____ ,

   _____ y simple _____ .

PALABRAS REVUELTAS

A continuación hay varias palabras que has usado en esta lección. Pon las letras en orden y escribe tus respuestas en los espacios en blanco.

1. MÍSETOLU _____

2. ZANIR _____

3. COTAT _____

4. GELANU _____

5. PRASTUESE _____

¿Qué es el sistema nervioso?

20

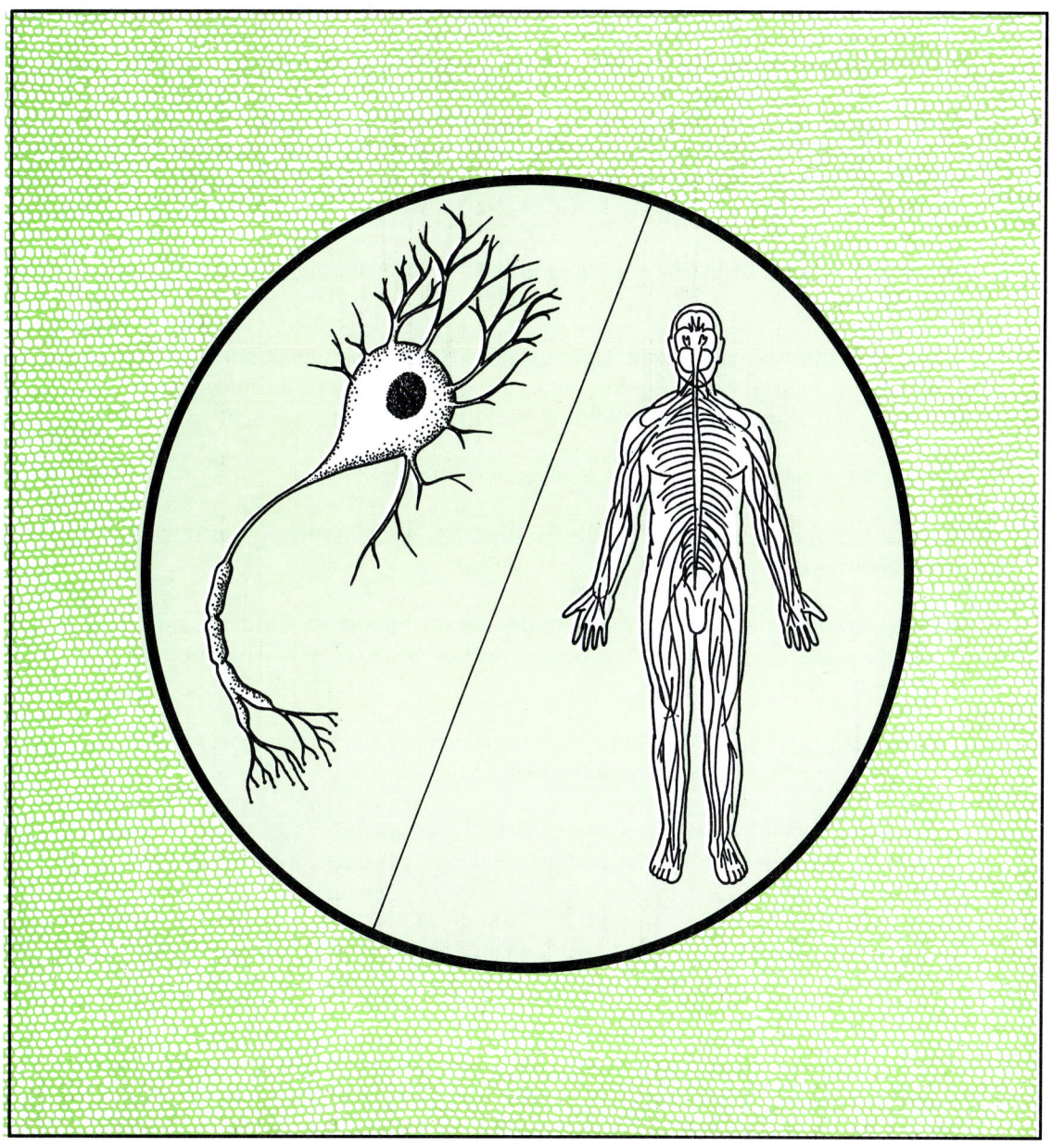

sistema nervioso: sistema del cuerpo que consiste en el cerebro, la médula espinal y todos los nervios que controlan las actividades del cuerpo

neurona: célula nerviosa

LECCIÓN 20 | ¿Qué es el sistema nervioso?

Cada escuela tiene una oficina. Es un lugar muy importante. Los mensajes se entregan en la oficina. También se envían mensajes desde la oficina. La mayoría de los planes para toda la escuela se hacen en la oficina.

En el cuerpo, el **sistema nervioso** se encarga de las tareas de recibir y enviar mensajes. El sistema nervioso controla todas las actividades del cuerpo. El sistema nervioso consiste en el cerebro, la médula espinal y los nervios que se ramifican.

Solamente el cerebro y la médula espinal forman el sistema nervioso central.

Has aprendido que los órganos de los sentidos reciben estímulos. ¿Pero qué sucede con los estímulos después de recibirlos? Por ejemplo, ¿cómo decides contestar el teléfono o levantarte la mano durante clases?

El sistema nervioso funciona de la siguiente manera.

- Los estímulos de los órganos de los sentidos se transforman en impulsos eléctricos.

- Estos impulsos eléctricos no permanecen en los órganos de los sentidos. Los nervios transportan los impulsos al cerebro y a la médula espinal.

- El cerebro decide lo que significa cada estímulo. El cerebro también decide cómo responder a cada estímulo.

- Los nervios se llevan los mensajes de "quehaceres" hacia fuera del cerebro. Los mensajes van a la parte del cuerpo que va a responder a los estímulos.

La mayoría de los mensajes de "quehaceres" van a los músculos. Algunos, sin embargo, van a las glándulas. La mayoría de las respuestas las realizan los músculos.

Nota: En algunos casos, es la médula espinal, y no el cerebro, que recibe y envía mensajes sobre cómo responder a un estímulo. Aprenderás más acerca de esto en la Lección 22.

LAS CÉLULAS NERVIOSAS

Los nervios del sistema nervioso consisten en células nerviosas. Cada célula nerviosa es una **neurona**.

Las neuronas están bien adaptadas para realizar su trabajo de llevar mensajes. Un grupo de neuronas se parece a una hilera de teléfonos de la era espacial.

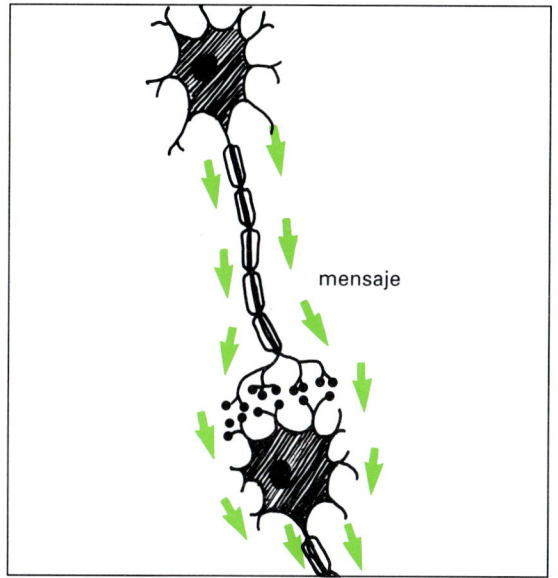

Mira la Figura A. Muestra un mensaje que se está moviendo a lo largo de dos neuronas.

Las neuronas forman un camino por el que viajan los impulsos eléctricos. En un extremo del camino está un órgano del sentido. En el otro extremo está el músculo o la glándula que responde a los estímulos.

Figura A

LA MÉDULA ESPINAL

Hay treinta y un pares de nervios que se ramifican de la médula espinal. Estos nervios están dentro de la columna vertebral. La columna vertebral los protege.

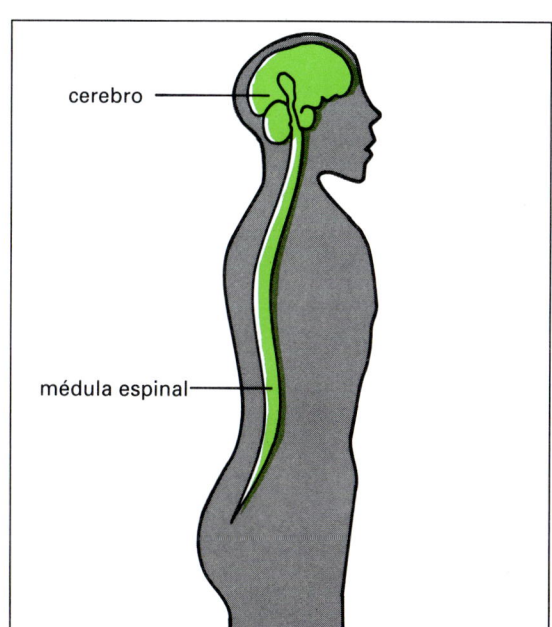

La médula espinal se extiende a lo largo del centro de la espalda. Se extiende desde la base del cerebro hasta el hueso caudal.

Algunas respuestas urgentes deben darse muy rápidamente. No queda tiempo para dejar que el cerebro decida cómo responder. Una demora puede resultar en una grave herida —o hasta la muerte.

En estos casos, la médula espinal —en vez del cerebro— organiza la respuesta. Así, la respuesta se realiza antes de que el mensaje haya llegado al cerebro.

Estas respuestas de urgencia a los estímulos se llaman reflejos. Aprenderás más acerca de los reflejos en la Lección 22.

Figura B

LOS NERVIOS LLEVAN LOS MENSAJES EN UNA SOLA DIRECCIÓN

- Algunos nervios llevan mensajes al cerebro y a la médula espinal.

- Otros nervios llevan mensajes hacia fuera del cerebro y de la médula espinal.

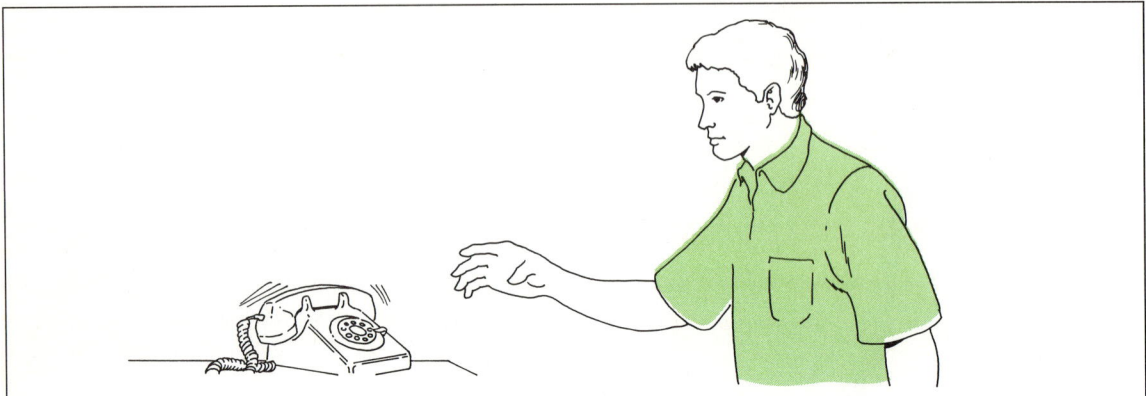

Figura C

1. Los nervios que transportan los estímulos van _____ el cerebro y la médula espinal.

hacia, hacia fuera de

2. Los nervios que llevan mensajes para respuestas van _____ la médula espinal.

hacia, hacia fuera de

3. ¿Qué forma de energía son los impulsos nerviosos? _____

BUSCA LAS PARTES

Busca las partes del sistema nervioso. Escribe los nombres de las partes al lado de las letras correspondientes. Puedes escoger de la lista.

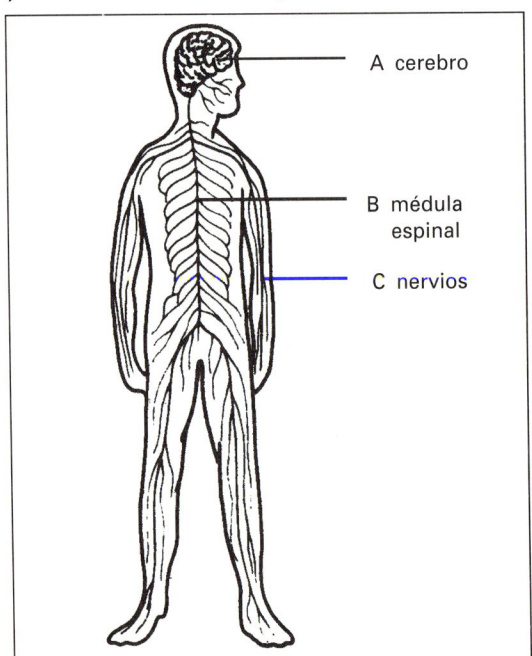

A cerebro

B médula espinal

C nervios

Figura D

médula espinal
nervios
cerebro

Nombra las partes que forman el sistema nervioso central.

_____

_____

COMPLETA LA ORACIÓN

Completa cada oración con una palabra o una frase de la lista de abajo. Escribe tus respuestas en los espacios en blanco. Se pueden usar algunas palabras más de una vez.

nervios
una dirección
recibe
columna vertebral

envía
médula espinal
hacia fuera
estímulos

músculos
hacia
cerebro
respuesta

1. El sistema nervioso _____ y _____ mensajes.

2. Las partes del sistema nervioso son el _____ , la _____

   y los _____ .

3. Los nervios llevan los mensajes solamente en _____ .

4. Algunos nervios llevan mensajes _____ el cerebro y la médula espinal.

   Otros nervios llevan mensajes _____ del cerebro y de la médula espinal.

5. Los _____ los llevan los nervios al cerebro y a la médula espinal.

6. Los mensajes de _____ se llevan hacia fuera del cerebro y de la médula espinal.

7. El _____ "decide" qué hacer con la mayoría de los estímulos.

8. La mayoría de los mensajes de respuesta se envían a los _____ .

9. La mayoría de las respuestas las realizan los _____ .

10. La médula espinal está protegida por la _____ .

HACER CORRESPONDENCIAS

Empareja cada término de la Columna A con su descripción en la Columna B. Escribe la letra correcta en el espacio en blanco.

	Columna A		Columna B
_____	1. las partes del sistema nervioso	a)	un movimiento
_____	2. un estímulo	b)	el cerebro, la médula espinal y los nervios
_____	3. una respuesta	c)	señal para hacer algo
_____	4. el cerebro y la médula espinal	d)	llevan mensajes
_____	5. los nervios	e)	sistema nervioso central

Figura E

1. Nombra los órganos de los sentidos.

   _____   _____

   _____   _____

   _____

2. Cuatro de los órganos de los sentidos tienen nervios que conducen directamente al cerebro. ¿Cuáles son? (Piensa en tu propio cuerpo.)

   _____   _____

   _____   _____

3. La mayoría de los nervios de uno de estos órganos de los sentidos van a la médula espinal antes de ir al cerebro. ¿Cuál de los órganos es éste? (Piensa en tu propio cuerpo.)

   _____

AMPLÍA TUS CONOCIMIENTOS

Las respuestas que se planifican son respuestas voluntarias. Las respuestas que no se planifican son respuestas involuntarias.

1. ¿Qué es la respuesta voluntaria más reciente que hiciste?

   _____

   _____

2. ¿Puedes nombrar una respuesta involuntaria que probablemente estás haciendo ahora mismo?

   _____

   _____

¿Cuáles son las partes del cerebro?

21

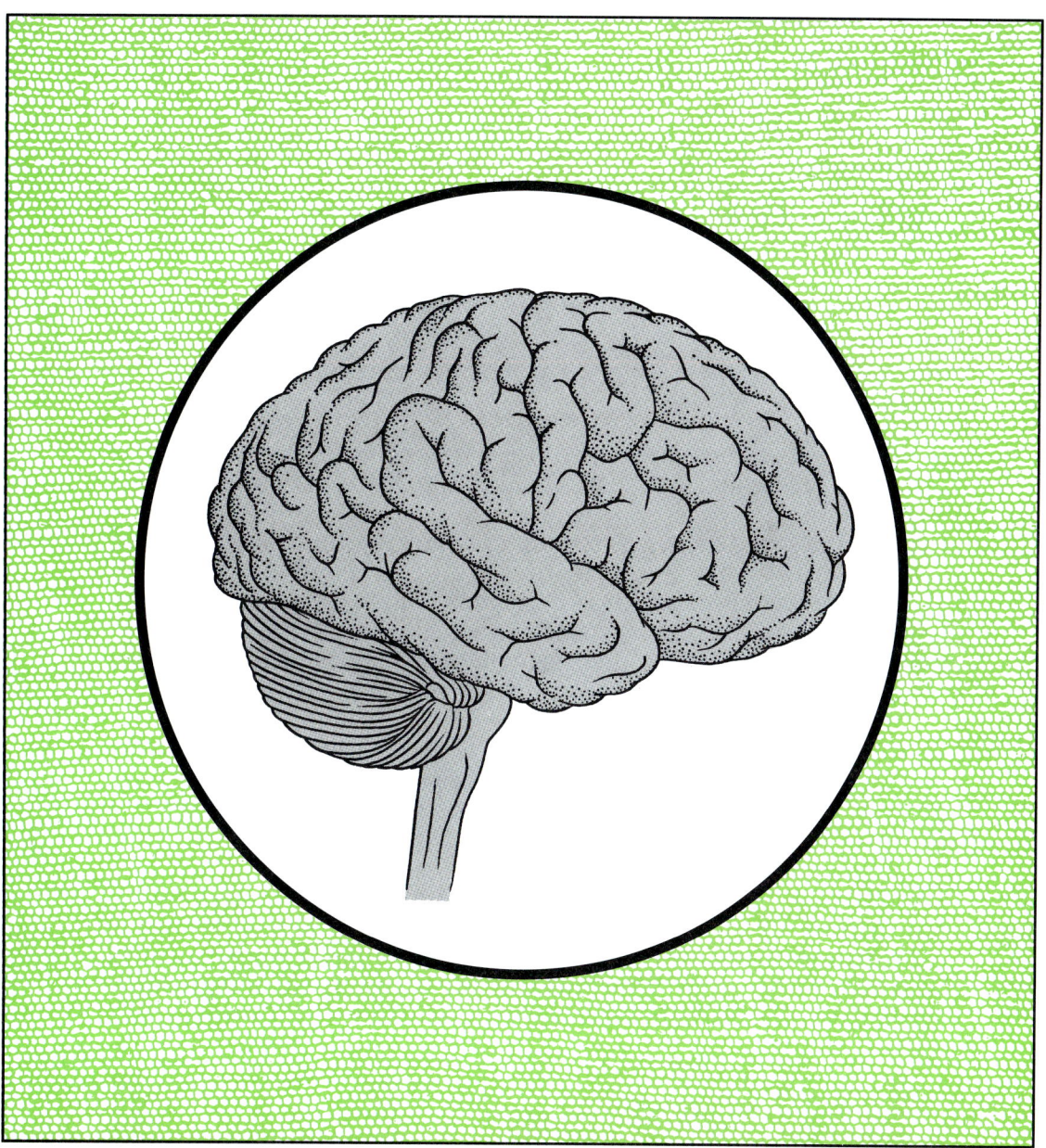

cerebelo: la parte del cerebro que controla el equilibrio y el movimiento del cuerpo
cerebro: la parte grande del órgano del cerebro que controla los sentidos y el razonamiento
médula: la parte del cerebro que controla el ritmo del latido del corazón y el ritmo de la aspiración

LECCIÓN 21 | ¿Cuáles son las partes del cerebro?

El cerebro es la central de control del cuerpo. El cerebro consiste en una masa de tejido nervioso. El cráneo lo protege.

El trabajo principal del cerebro es recibir mensajes y decidir qué se va a hacer. Estos mensajes pueden venir desde dentro o desde fuera del cuerpo. El cerebro responde a los mensajes y luego controla todas las actividades del cuerpo.

El órgano del cerebro consiste en tres partes principales: el **cerebro**, el **cerebelo** y la **médula**.

Las distintas partes del cerebro controlan distintas actividades.

EL CEREBRO El cerebro es la parte más grande del órgano del cerebro. Controla los sentidos, el pensamiento, la memoria y el aprendizaje. Controla también ciertos músculos voluntarios. Utilizas los músculos voluntarios para hablar, caminar y escribir.

EL CEREBELO El cerebelo se sitúa en la parte de atrás del órgano del cerebro. Trabaja con el cerebro para controlar los músculos voluntarios. El cerebelo controla los movimientos del cuerpo. El cerebelo también te ayuda a mantener el equilibrio.

LA MÉDULA La médula es la parte más pequeña del órgano del cerebro. Es como un tallo grueso en la base del cráneo. La médula junta el cerebro con la médula espinal. Controla muchas funciones involuntarias esenciales. Por ejemplo, la médula controla la aspiración, la digestión y el latido del corazón. También controla los estornudos y los parpadeos.

Mira la Figura A. Enseña las partes del cerebro que controlan ciertas actividades. Luego, contesta las preguntas que siguen.

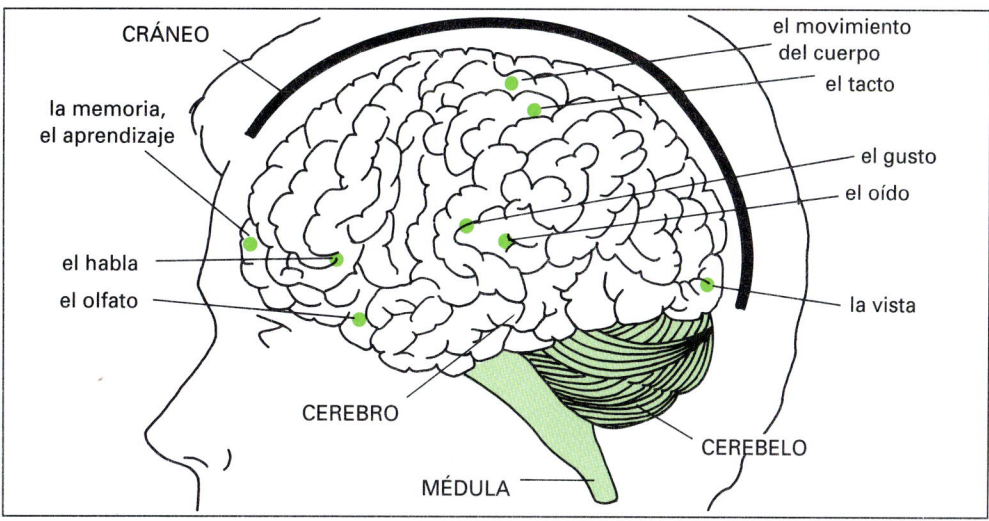

CRÁNEO
el movimiento del cuerpo
el tacto
la memoria, el aprendizaje
el gusto
el oído
el habla
el olfato
la vista
CEREBRO
CEREBELO
MÉDULA

Figura A

1. ¿Qué podría pasar si recibieras un golpe fuerte en la parte de atrás de la cabeza?

   _____

2. ¿Qué podría pasar si recibieras un golpe fuerte en la parte delantera de la cabeza?

   _____

3. ¿Qué podría pasar si recibieras un golpe fuerte al lado de la cabeza hacia el centro?

   _____

4. El cerebro es una de las partes del cuerpo que tiene más protección.

   a) ¿Qué protege al cerebro? _____

   b) ¿Por qué lo protege tan bien? _____

   c) ¿De qué es? _____

5. a) ¿Cuál es la parte más grande del órgano del cerebro? _____

   b) ¿Cuál es la parte más pequeña del órgano del cerebro? _____

ROTULA EL DIAGRAMA

Escribe los nombres de las partes del órgano del cerebro.

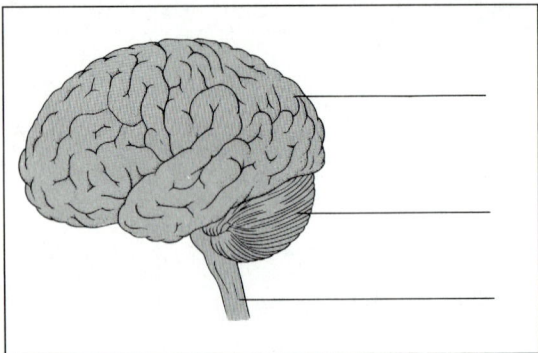

Figura B

COMPLETA LA TABLA

Hay doce acciones en la lista de abajo. Cada acción la controla una parte diferente del cerebro. Haz una marca (✔) en la casilla o las casillas correspondientes a cada acción.

ACCIÓN		CONTROLADO POR		
		cerebro	cerebelo	médula
1.	oír			
2.	ver			
3.	movimiento del cuerpo			
4.	latido del corazón			
5.	saborear			
6.	equilibrio			
7.	estornudar			
8.	aprender			
9.	aspirar			
10.	hablar			
11.	recordar			
12.	parpadear			

CONTESTACIONES MÚLTIPLES

En el espacio en blanco, escribe la letra de la respuesta que mejor termine cada oración.

_____ **1.** La central de control del cuerpo es

      a) el ojo.   **b)** el corazón.

      c) el cerebro.   **d)** los pulmones.

_____ **2.** La parte más grande del órgano del cerebro es

      a) el cerebro.   **b)** el cerebelo.

      c) la médula.   **d)** los nervios.

_____ **3.** El trabajo principal del cerebro es llevar

      a) oxígeno.   **b)** sangre.

      c) mensajes.   **d)** hormonas.

_____ **4.** El cerebro se junta a la médula espinal mediante

      a) el cerebro.   **b)** la médula.

      c) el cerebelo.   **d)** el oído interno.

_____ **5.** El latido del corazón y la aspiración están controlados por

      a) el cerebro.   **b)** los riñones.

      c) el cerebelo.   **d)** la médula.

HACER CORRESPONDENCIAS

Empareja cada término de la Columna A con su descripción en la Columna B. Escribe la letra correcta en el espacio en blanco.

	Columna A		Columna B
_____	**1.** la médula	**a)**	controla el aprendizaje
_____	**2.** el cerebelo	**b)**	central de control
_____	**3.** el cráneo	**c)**	parte más pequeña del cerebro
_____	**4.** el cerebro	**d)**	protege al cerebro
_____	**5.** todas las partes del cerebro	**e)**	controla el equilibrio

CIENCIA *EXTRA*

Está en los ojos

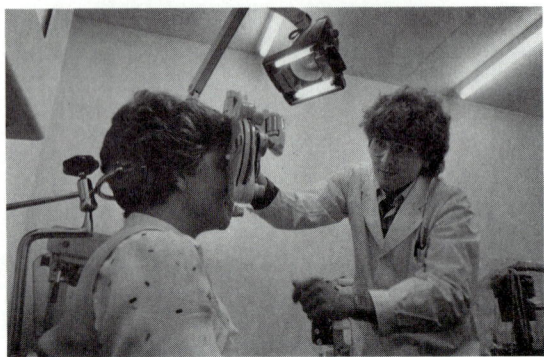

Todos los órganos del cuerpo están propensos al deterioro y a las enfermedades. Los ojos no son excepciones.

Un problema del ojo muy común que surge en los de mayor edad se llama las cataratas. Una catarata aflige al cristalino del ojo. El cristalino refleja la luz que pasa por él hasta la retina (la capa nerviosa del ojo). También cambia de forma un poco para enfocarse en los objetos de cerca, por ejemplo, para leer o coser.

Un cristalino sano es tan transparente como el vidrio. A veces, por razones que no se entienden bien, un cristalino o los dos se ponen opacos. Un cristalino opaco se llama una catarata. Ésta limita mucho la vista. Permite que pase la luz, pero sin detalle. Sólo un revoltijo brillante de luz llega a la retina. La vista puede empeorarse tanto que una persona afligida de cataratas avanzadas en los dos ojos se puede considerar oficialmente ciega.

Por suerte, hay una solución a las cataratas. No es posible aclarar la opacidad del cristalino afligido, pero sí es posible extraerlo. Los cirujanos vienen haciéndolo por siglos.

La extracción de la catarata es sólo parte de la cura. Hasta hace unos 20 años, la mayoría de las personas que se operaron, se ponían lentes muy potentes para poder ver bien. Los lentes sustituían al poder del cristalino natural que se había extraído. Por lo general, la vista era bastante buena, pero no muy natural. Todo se veía aumentado, había distorsión de la vista de lado, y era difícil distinguir las distancias. Se tardaba mucho en acostumbrarse a esta nueva forma de ver. Los lentes eran muy gruesos y pesados, como "botellas de leche", y pesaban muchísimo.

Por suerte, se ha escrito el último capítulo de la "historia de las cataratas" y es muy bueno. Gracias a los esfuerzos de químicos, biotécnicos y cirujanos, se ha perfeccionado un sustituto por el cristalino. Tan pronto como se extraiga el cristalino con cataratas, se inserta un sustituto plástico, o sea, un injerto. El injerto permite la vista natural. Y en la mayoría de los casos, el paciente no tiene que ponerse lentes o sólo los necesita para ver de lejos. A veces se necesitan lentes de potencia mediana para la vista de cerca.

¿Qué es un reflejo?

22

reflejo: respuesta automática a un estímulo

LECCIÓN 22 | ¿Qué es un reflejo?

Desde el momento en que naces, puedes hacer ciertas actividades sin ayuda. Lloras, bostezas, los ojos parpadean y los labios esperan alimentos.

Nadie te enseñaste a hacer estas cosas. Naciste con los conocimientos para hacerlas.

Estas clases de respuestas se llaman **reflejos.**

Hay muchos tipos de reflejos. Pero todos se parecen de cierta forma.

• Los reflejos no se aprenden. Son innatos.

• No controlas ni piensas en los reflejos. Ocurren por su propia cuenta. Son respuestas automáticas e involuntarias.

• Todo el tiempo se realiza un reflejo de la misma manera.

En la mayoría de los casos, no te das cuenta de que se realizan los reflejos. Por ejemplo, dar un salto para evitar que te pegue un coche es un reflejo. Respondes sin pensarlo. Te das cuenta de ello sólo después de que haya sucedido la respuesta.

Lo mismo sucede cuando tocas un sartén caliente. Te quitas la mano antes de que el cerebro "se sienta" el calor.

Los reflejos son muy importantes. Nos protegen y nos ayudan a mantenernos vivos. Los reflejos controlan la mayoría de los órganos del cuerpo.

Los reflejos ocurren rápidamente. Es así porque no participa el cerebro. Los controla la médula espinal. Mira el ejemplo que sigue para ayudarte a seguir la trayectoria de un reflejo.

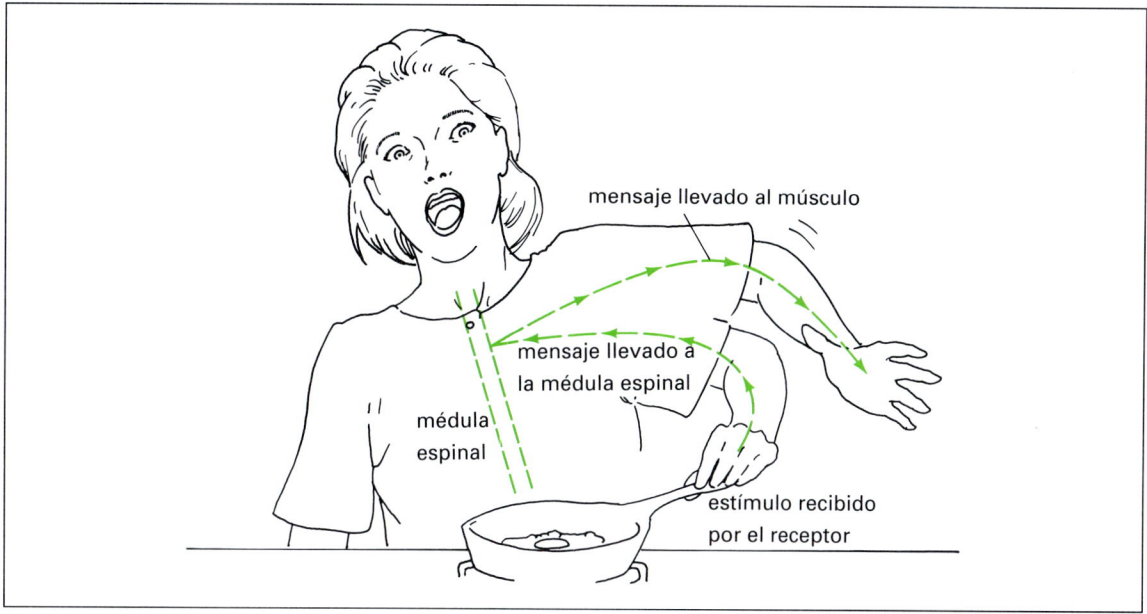

Figura A

El estímulo: tocar un objeto caliente

La respuesta: quitarse la mano

- PRIMERO   Las células de la piel perciben el calor. Los nervios envían el mensaje de "calor" a la médula espinal. La médula espinal decide lo que se debe hacer.

- SEGUNDO   Los nervios llevan este mensaje de "qué hacer" hacia fuera de la médula espinal. El mensaje va a los músculos de la mano.

- TERCERO   El mensaje les dice a los músculos que "suelten" el objeto caliente.

Hasta este punto, el cerebro no se ha dado cuenta de lo sucedido. Sin embargo, mientras los mensajes se mueven a lo largo de la trayectoria de los reflejos, la médula espinal le envía mensajes al cerebro. Cuando el cerebro recibe estos mensajes, envía mensajes a la mano. Entonces, te sientes dolor. Por esta razón, una acción de reflejo generalmente la sigue un fuerte grito de dolor.

Los reflejos controlan los órganos importantes del cuerpo.

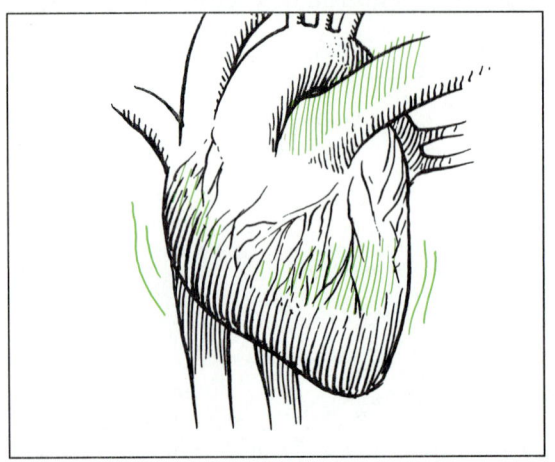

Figura B · *Los reflejos controlan el latido del corazón.*

Figura C *Los reflejos controlan la aspiración.*

1. ¿Qué pasa al latido del corazón si te emocionas?

_____

2. ¿Qué pasa al latido del corazón si te duermes?

_____

Los reflejos te protegen de heridas.

Figura D *Cuando te tropiezas, las manos se mueven automáticamente para proteger a la cara.*

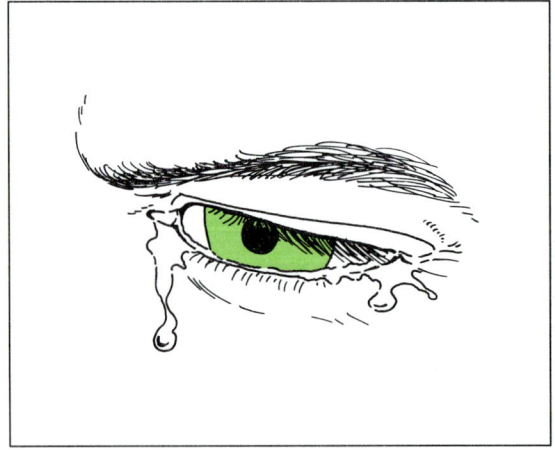

Figura E *Cuando el polvo se mete en los ojos, te salen lágrimas y los párpados parpadean — automáticamente.*

3. ¿Qué parte del cuerpo generalmente proteges primero, automáticamente?

_____

4. ¿Cómo te protege este reflejo?

_____

TERMINA LAS ORACIONES

Escoge la palabra o las palabras correctas para cada oración. Escribe tu selección en el espacio en blanco.

1. Los reflejos son _____ .
   aprendidos, innatos

2. _____ puedes controlar los reflejos.
   Sí, No

3. _____ se planifican los reflejos.
   Sí, No

4. Los reflejos _____ ocurren por su propia cuenta.
   sí, no

5. _____ te das cuenta de que ocurren la mayoría de los reflejos.
   Sí, No

6. Los _____ llevan a cabo las respuestas de los reflejos. (Cuidado, ésta es tramposa.)
   nervios, músculos

7. La mayoría de los reflejos son muy _____ .
   lentos, rápidos

8. Un reflejo siempre se realiza _____ .
   de la misma manera, de distintas maneras

9. Leer_____ un reflejo.
   es, no es

10. Parpadear cuando algo se mete en el ojo _____ un reflejo.
    es, no es

PALABRAS REVUELTAS

A continuación hay varias palabras que has usado en esta lección. Pon las letras en orden y escribe tus respuestas en los espacios en blanco.

1. UTRASPESE   _____

2. OJERELF   _____

3. OLROD   _____

4. ANTINO   _____

5. LETÍSOMU   _____

SOBRE LOS INSTINTOS

Un instinto es como un reflejo. Es innato y automático. También ocurre de la misma manera todo el tiempo. PERO, un instinto es mucho más complejo que un reflejo.

Hay muchos instintos. Los animales dependen de los instintos más que los seres humanos. Por ejemplo, un pájaro utiliza los instintos para construir su nido. Un pájaro puede construir un nido aunque jamás en la vida haya visto construirse un nido.

Es complicado construir un nido. Un pájaro tiene que escoger un sitio para construirlo. Tiene que seleccionar los materiales para construirlo. Luego, tiene que construirlo.

Los científicos creen que un instinto es una serie, o una cadena, de respuestas de los reflejos. Cada respuesta conduce a otra. Y, si no se hace una de las respuestas de la "cadena", no se va a cumplir el "instinto" o no se lo va a cumplir correctamente.

Por ejemplo, si un pájaro no puede arreglar correctamente los materiales del nido, el nido no será construido. O si se llega a construir, el nido no será bueno.

Ahora, completa estas oraciones sobre los instintos.

1. Los instintos son _____.
   aprendidos, innatos

2. Tanto los reflejos como los instintos son _____.
   bien pensados, automáticos

3. Los instintos son _____ complejos que los reflejos.
   más, menos

4. Un instinto es una serie de _____ innatas.
   estímulos, respuestas

5. Para que se lleve a cabo una acción del instinto, todos los pasos que conducen a la

   acción los hay que _____.

AMPLÍA TUS CONOCIMIENTOS

¿Para qué clases de trabajo son especialmente importantes los reflejos muy rápidos?

_____

_____

¿Qué es el sistema endocrino?

23

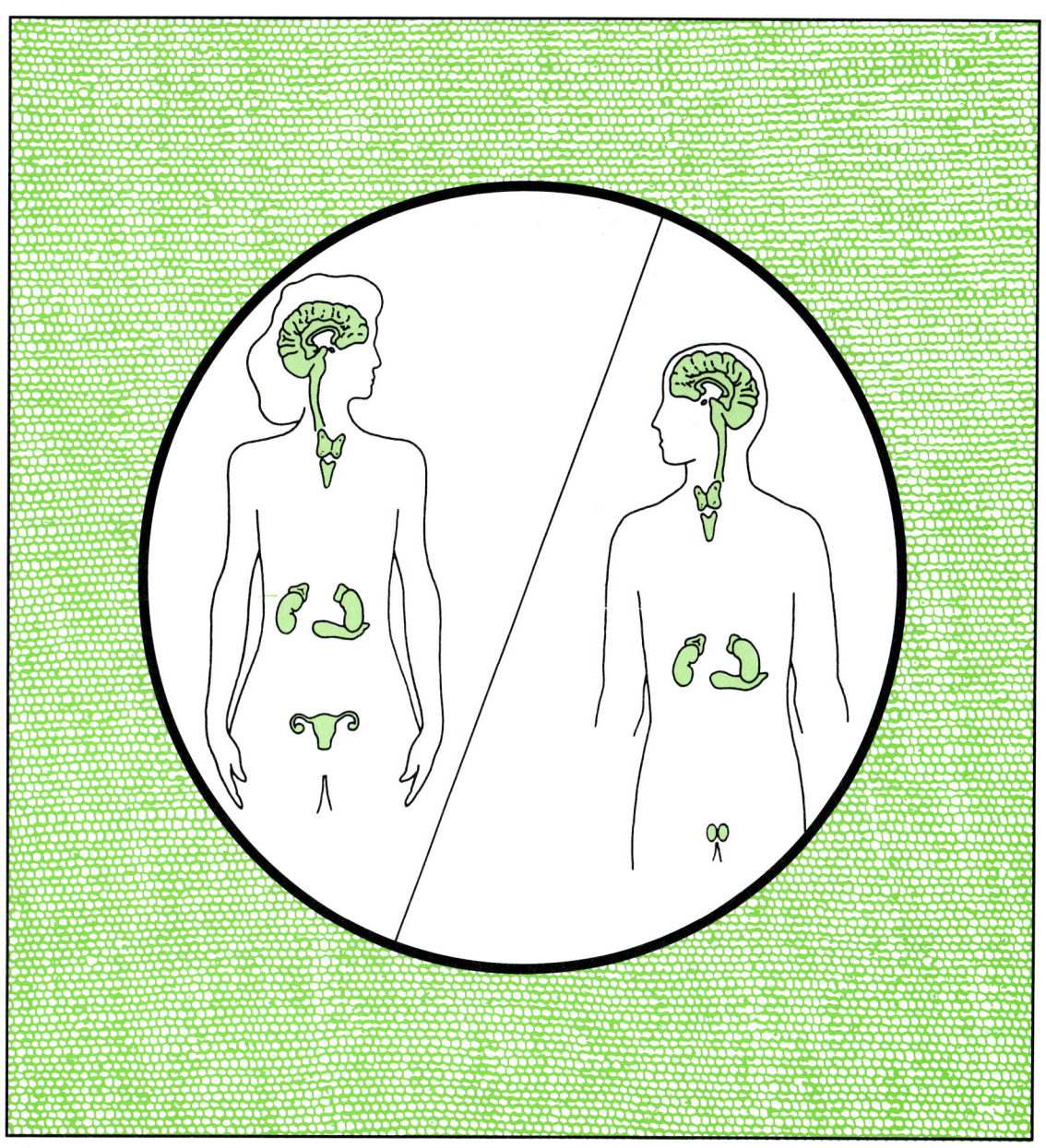

sistema endocrino: sistema del cuerpo que consiste en aproximadamente diez glándulas endocrinas que ayudan al cuerpo a responder a los cambios en el medio ambiente
hormona: mensajero químico que regula las funciones del cuerpo

LECCIÓN 23 | ¿Qué es el sistema endocrino?

Las condiciones tanto por dentro como por fuera del cuerpo siempre cambian. Algunos de estos cambios pueden ser dañinos. El cuerpo tiene dos sistemas de órganos que lo ayudan a adaptarse a estos cambios. Son el sistema nervioso y el **sistema endocrino**. Aprendiste del sistema nervioso en unas lecciones anteriores. Ahora, vas a aprender del sistema endocrino.

El sistema endocrino está formado por muchas glándulas. Estas glándulas fabrican mensajeros químicos que se llaman **hormonas**. Las hormonas son sustancias químicas que ayudan al cuerpo a adaptarse a los cambios. Pero, no es todo. Las hormonas también:

- ayudan a controlar las reacciones químicas del cuerpo,
- actúan sobre el envejecimiento y la reproducción y
- ayudan a regular el desarrollo físico y mental.

Ya sabes de algunas glándulas, tales como las glándulas salivales y las glándulas sudoríparas. Pero estas glándulas no son glándulas endocrinas. Entonces, ¿cuáles son las diferencias entre las glándulas endocrinas y las que no son endocrinas?

LAS GLÁNDULAS NO ENDOCRINAS

Las glándulas no endocrinas también se llaman las glándulas exocrinas. Las sustancias fabricadas por las glándulas exocrinas corren por tubos que se llaman conductos o canales. Estas sustancias químicas se vacían directamente en el lugar donde van a usarse.

Por ejemplo, las glándulas salivales secretan enzimas digestivas. Estas enzimas corren por conductos. Los conductos se vacían directamente donde se van a usar estas enzimas. La saliva se vacía directamente en la boca.

LAS GLÁNDULAS ENDOCRINAS

Las glándulas endocrinas son diferentes. Las hormonas endocrinas

- no se mueven por conductos y
- no se vacían directamente donde se van a usar.

Las hormonas de las glándulas endocrinas se vacían en la sangre. Entonces, la sangre lleva las hormonas a los lugares donde van a realizar su trabajo.

En la Figura A se ven las glándulas que forman el sistema endocrino. Cada glándula se describe a continuación. Trata de identificar a cada glándula por su descripción.

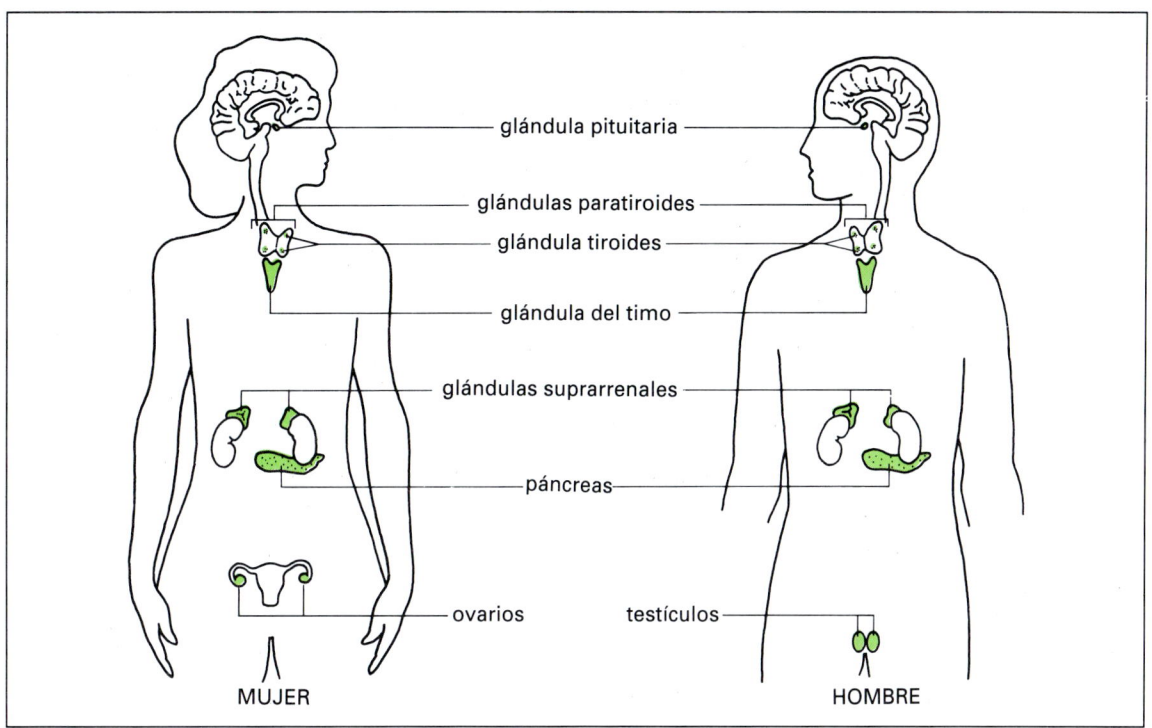

Figura A

GLÁNDULA PITUITARIA: una pequeña glándula redonda ubicada en la base del cerebro.

GLÁNDULA TIROIDES: una glándula con la forma de mariposa ubicada en la base del cuello.

GLÁNDULAS PARATIROIDES: cuatro pequeñas glándulas colocadas firmemente en la parte trasera de la glándula tiroides.

TIMO: ubicado en la parte superior del pecho.

GLÁNDULAS SUPRARRENALES: dos glándulas separadas. Una glándula suprarrenal se ubica encima de cada riñón.

ISLOTES DE LANGERHANS: glándulas esparcidas por todo el páncreas.

GÓNADAS: (glándulas sexuales) Estas glándulas son diferentes en los hombres y en las mujeres.

En los hombres, las gónadas se llaman TESTÍCULOS. Hay dos testículos. Están ubicados en la parte inferior de la ingle.

En las mujeres, las gónadas se llaman OVARIOS. Hay dos ovarios. Los ovarios tienen forma de almendras. Están ubicados en la parte inferior de la cavidad abdominal.

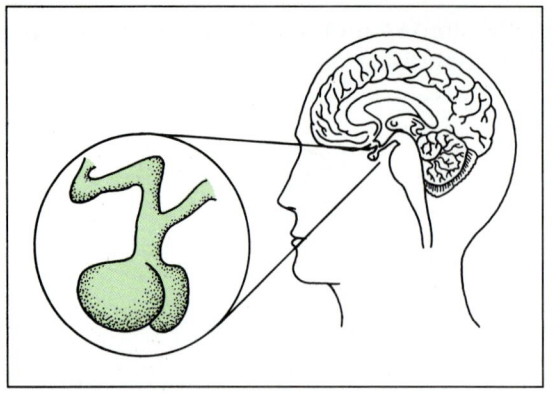

Figura B

GLÁNDULA PITUITARIA. Esta glándula fabrica muchas hormonas. Algunas regulan el crecimiento y la producción de células sexuales.

La glándula pituitaria también controla otras glándulas. Por esta razón se considera la "glándula maestra".

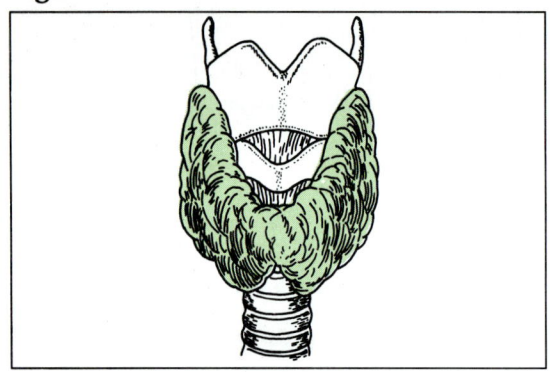

Figura C

GLÁNDULA TIROIDES. Esta glándula regula el metabolismo. El metabolismo es el conjunto de todas las reacciones químicas que se realizan dentro de un organismo.

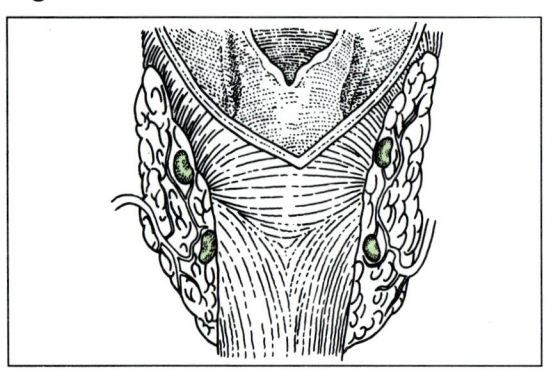

Figura D

GLÁNDULAS PARATIROIDES. Regulan el uso de los minerales de calcio y fósforo.

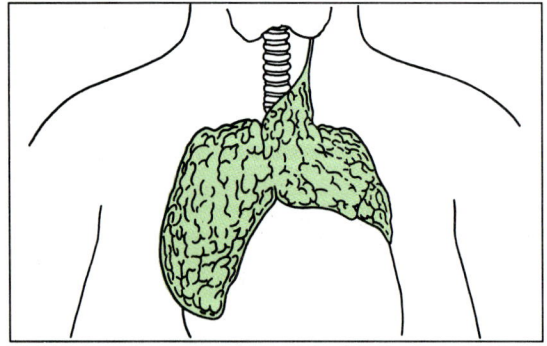

Figura E

TIMO. Controla el crecimiento de ciertos glóbulos blancos que ayudan al cuerpo a protegerse contra las infecciones.

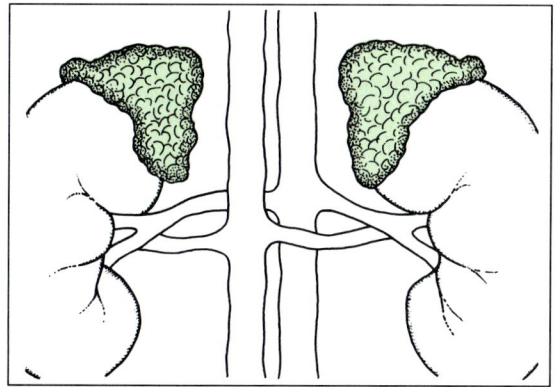

GLÁNDULAS SUPRARRENALES. Controlan la reacción de los músculos en momentos de tensión, especialmente en casos de tensión repentina e inesperada.

Figura F

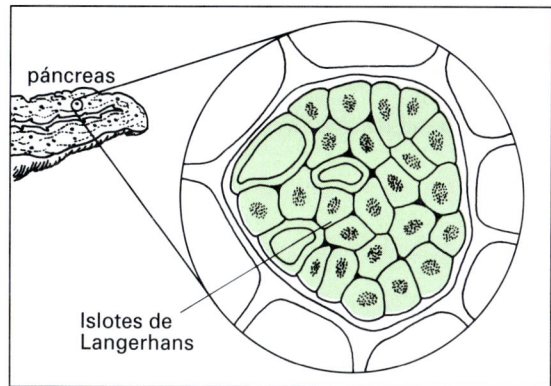

páncreas

Islotes de Langerhans

ISLOTES DE LANGERHANS. Fabrican la hormona de insulina. La insulina ayuda a controlar la cantidad de azúcar que hay en la sangre.

Figura G

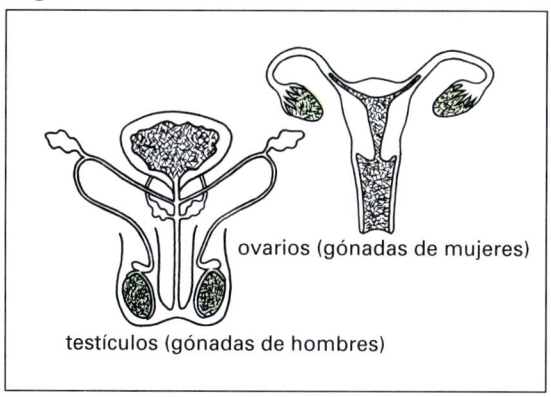

ovarios (gónadas de mujeres)

testículos (gónadas de hombres)

GÓNADAS. Las gónadas son las glándulas sexuales. Las glándulas sexuales son diferentes en los hombres y en las mujeres. Las glándulas sexuales fabrican las células necesarias para la reproducción.

Figura H

Las glándulas sexuales de los hombres son los testículos. Los testículos fabrican las células reproductoras masculinas que se llaman espermatozoides. Los testículos también fabrican las hormonas sexuales masculinas.

• Las hormonas sexuales masculinas controlan el desarrollo de las características de hombres adultos, tales como la voz baja y la barba.

Las glándulas sexuales femeninas son los ovarios. Los ovarios fabrican las células reproductoras femeninas que se llaman óvulos. También fabrican las hormonas sexuales femeninas.

• Las hormonas sexuales femeninas controlan el desarrollo de las características de mujeres adultas, tal como el ensanchamiento de las caderas.

COMPLETA LA ORACIÓN

Completa cada oración con una palabra o una frase de la lista de abajo. Escribe tus respuestas en los espacios en blanco.

cambia   hormonas   endocrino
ovarios   se adapta   químicas
todas las partes dañinos   flujo de sangre
conductos   nervioso   testículos

1. El medio ambiente del cuerpo siempre _____ .

2. Algunos de estos cambios pueden ser _____ .

3. El cuerpo siempre _____ a estos cambios.

4. Los dos sistemas de órganos que ayudan al cuerpo a adaptarse a los cambios son el

   sistema _____ y el sistema _____ .

5. Las glándulas endocrinas fabrican sustancias químicas que se llaman _____ .

6. Las glándulas endocrinas no tienen _____ . Sus hormonas se vacían

   directamente en el _____ .

7. La sangre lleva las hormonas a _____ del cuerpo.

8. Las hormonas ayudan al cuerpo a adaptarse a los cambios. También ayudan a

   regular las reacciones _____ en el cuerpo.

9. Las gónadas masculinas son los _____ .

10. Las gónadas femeninas son los _____ .

AMPLÍA TUS CONOCIMIENTOS

A veces los prefijos te pueden ayudar a entender o a recordar el significado de palabras científicas. Lee los siguientes prefijos y escribe una breve definición de cada una.

endoesqueleto, endocrino

endo- _____

suprarrenal

supra-_____

¿Qué es el comportamiento?

24

comportamiento: respuesta de un organismo a su medio ambiente
respuesta condicionada: comportamiento en que un estímulo se sustituye por otro

LECCIÓN 24 | ¿Qué es el comportamiento?

En casa o en la escuela el comportamiento se refiere a portarse bien o mal. Para un científico, el **comportamiento** significa todas las clases de acciones. Quiere decir las reacciones a todos los estímulos. También significa la manera en que aprendemos.

Los científicos estudian el comportamiento. Tratan de averiguar por qué nos comportamos en la manera en que nos comportamos. También tratan de averiguar cómo se puede cambiar el comportamiento.

Uno de los científicos que estudiaba el comportamiento fue un ruso que se llamaba Ivan Pavlov. Hace unos 75 años, Pavlov hacía experimentos especiales con perros. Sabía que los perros babeaban cada vez que veían u olían la comida. Ésta es una respuesta reflexiva normal.

Pavlov quería averiguar si se pudiera cambiar este reflejo. Entonces, hizo lo siguiente: Pavlov tocaba una campana cada vez que le traía la comida a un perro. Cada vez se le salía la baba al perro. Recuerda que la comida siempre hace que un perro babee.

Luego, Pavlov hizo algo nuevo. Solamente tocó la campana. No le dio comida al perro. ¿Qué crees que sucedió? Aunque no había nada de comida, se le hizo agua la boca al perro. El perro había aprendido que la campana siempre resultaba en la comida. La campana ya sustituyó a la comida como un estímulo que causaba el babeo.

Un comportamiento en que un estímulo se sustituye a otro estímulo se llama una **respuesta condicionada**. El perro de Pavlov fue condicionado a responder a un nuevo tipo de estímulo. ¿Qué fue este nuevo estímulo? El condicionamiento es una forma sencilla de aprendizaje.

EL EXPERIMENTO DE PAVLOV

Figura A

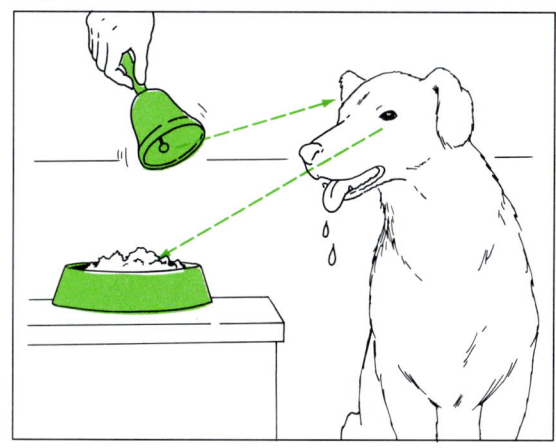

Figura B

Figura C

Mira la Figura A.

1. ¿Qué estímulo le llega al perro?

   _____

2. ¿Qué es la respuesta a este estímulo?

   _____

3. El perro _____ controlar esta

   puede, no puede

   respuesta.

4. La respuesta es_____.

   innata, aprendida

Mira la Figura B.

5. ¿Qué estímulo nuevo se presentó?

   _____

6. Por lo general, ¿causa el babeo este

   estímulo?_____

7. Los dos estímulos llegan al perro

   _____.

   al mismo tiempo, a tiempos diferentes

Mira la Figura C.

8. ¿Se ha quitado cuál de los estímulos?

   _____

9. ¿Cuál de los estímulos llega al perro?

   _____

10. Ahora, sólo al tocar la campana el

    perro _____ babea.

    sí, no

11. Sin condicionamiento, el sonido de

    una campana _____ causa el babeo.

    sí, no

12. El perro babea porque el sonido de la campana se ha ligado a _____ .

13. El perro se ha experimentado una clase sencilla de _____ .

14. Este tipo de comportamiento se llama _____ .

un reflejo, una respuesta condicionada

Ahora, mira la Figura B de nuevo.

15. El diagrama no lo muestra, pero sabemos que los dos estímulos llegaban juntos al

perro_____ .

unas pocas veces, muchas veces

MÁS SOBRE EL CONDICIONAMIENTO

Figura D

El perro ha aprendido a relacionar el sonido de "siéntate" con una golosina.

El recibir las golosinas lo ha condicionado a sentarse.

Figura E

Este bebé ha aprendido a recibir atención cuando llora.

Figura F

¿Cuáles son los dos estímulos que los peces aprendieron a relacionar?

_____

CIERTO O FALSO

En el espacio en blanco, escribe "Cierto" si la oración es cierta. Escribe "Falso" si la oración es falsa.

_____ 1. El comportamiento sólo significa portarse bien o mal.

_____ 2. El comportamiento representa todas las clases de respuestas.

_____ 3. Los científicos estudian cómo se comportan los seres vivos.

_____ 4. El comportamiento siempre ocurre de la misma manera.

_____ 5. Pavlov estudió las gorilas.

_____ 6. Podemos aprender de los seres humanos al estudiar los animales.

_____ 7. Se aprende un reflejo.

_____ 8. Una respuesta condicionada es una respuesta aprendida.

_____ 9. Una campana siempre hace que un perro babee.

_____ 10. Una campana nunca puede hacer babear a un perro.

HACER CORRESPONDENCIAS

Empareja cada término de la Columna A con su descripción en la Columna B. Escribe la letra correcta en el espacio en blanco.

Columna A

_____ 1. Pavlov

_____ 2. el condicionamiento

_____ 3. un reflejo

_____ 4. el comportamiento

_____ 5. una respuesta condicionada

Columna B

a) una forma sencilla de aprendizaje

b) todos los tipos de respuestas

c) respuesta innata

d) estudió el comportamiento de perros

e) respuesta con un estímulo que se ha cambiado

PALABRAS REVUELTAS

A continuación hay varias palabras que has usado en esta lección. Pon las letras en orden y escribe tus respuestas en los espacios en blanco.

1. PROTACOMENMITO   _____

2. LOFEJER   _____

3. ÍSLUEMOT   _____

4. VVALOP   _____

5. AUSPERTES   _____

AMPLÍA TUS CONOCIMIENTOS

¿Cómo se puede "desaprender" una respuesta condicionada? Emplea el experimento de Pavlov del "babeo" como ejemplo.

_____

_____

_____

_____

_____

¿Cómo aprendes?

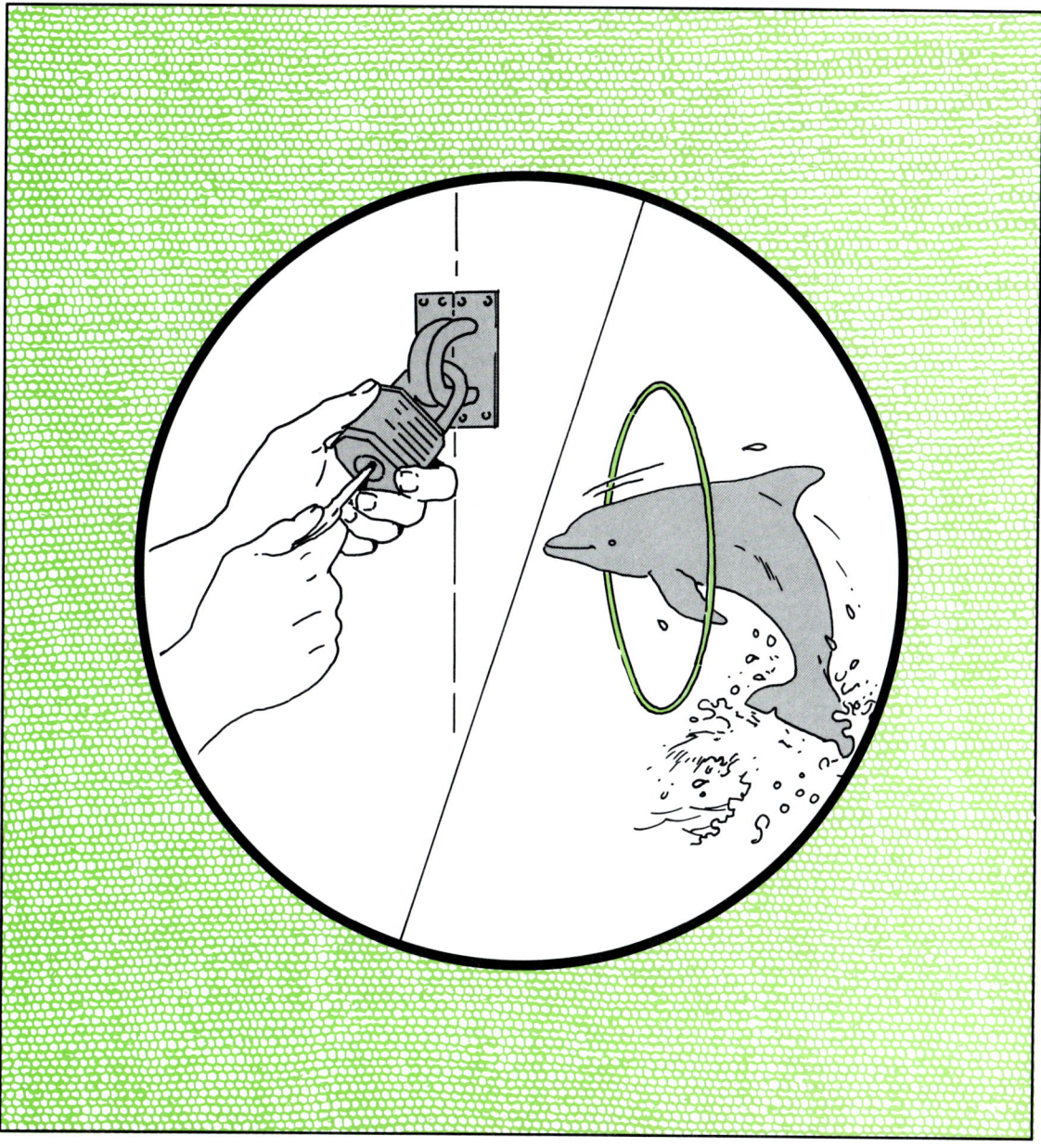

costumbre: comportamiento aprendido que ha llegado a ser automático

¿Te acuerdas de cuando aprendiste a andar en bicicleta? Es probable que no fuera nada fácil. ¿Cuántas veces te caíste? Al principio tenías que pensar en cada paso. Pensaste en los pedales. Pensaste en cómo guiar la bicicleta. Ahora no piensas en estos pasos. Simplemente sales a andar en bicicleta. Después de muchos intentos y práctica, has aprendido a andar en bicicleta. Lo haces sin pensar . . . Lo haces automáticamente.

El comportamiento aprendido que ha llegado a ser automático se llama una **costumbre**.

Muchas de tus actividades diarias son costumbres. Entrar en el salón de clases todos los días y sentarte en el mismo asiento pueden llegar a ser costumbres. Las acciones que te ensayas mucho pueden llegar a ser costumbres. Tirar una pelota de la misma manera una y otra vez puede formar una costumbre que mejore tus destrezas en el juego.

Ahora sabes que el aprendizaje puede suceder por condicionamiento y por costumbre. Pero hay otras maneras. También puedes aprender mediante el método de prueba y desacierto, el de memoria y el de razonamiento.

- El método de <u>prueba</u> <u>y</u> <u>desacierto</u>, o de tanteos, significa equivocarse y aprender de los errores. Intentas diferentes maneras de hacer algo hasta que encuentres la manera perfecta.

¿Cómo averiguarías cuál de las llaves entre muchas es la llave de un candado?

- La <u>memoria</u> mantiene la información almacenada en el cerebro. Puedes utilizar esta información en cualquier momento que la necesites.

¿Cuál es tu dirección? ¿Cómo se llaman tus maestros? Tu memoria te da las respuestas a estas preguntas rápidamente.

- El <u>razonamiento</u> te ayuda a pensar bien en un problema. Piensas en todo lo que te podría ayudar a encontrar la respuesta.

¿Qué harías para hallar un libro perdido? Probablemente, lo primero que dirías es: "Ahora, déjame ver, dónde estuve?" <u>Esto es usar el razonamiento</u>.

Cada una de las figuras que siguen sugiere una clase de aprendizaje. En el espacio en blanco debajo de cada figura, escribe la clase de aprendizaje que crees que muestra.

Escoge entre **condicionamiento**, **costumbre**, **prueba** y **desacierto**, **memoria** y **razonamiento**.

Figura A

1. _____

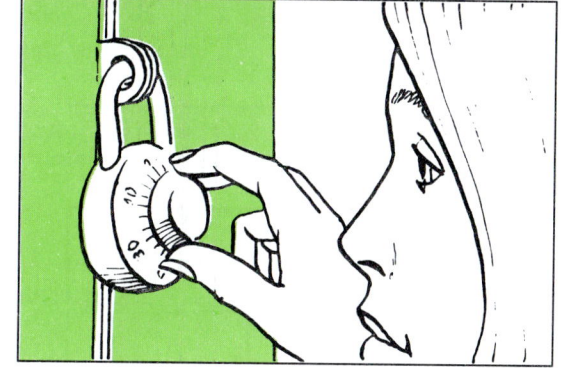

Figura B

2. _____

Figura C

3. _____

Figura D

4. _____

Figura E

5. _____

¿UNA ESCUELA PARA RATONES?

Muchos animales, como los ratones, aprenden por el método de prueba y desacierto. Hasta los chimpancés, los monos y los delfines razonan, pero sólo de formas sencillas.

Los ratones en las Figuras F y G están corriendo por un laberinto. Los laberintos son iguales. Hay un premio (un trozo de queso) al final del laberinto G. No hay premio al final del laberinto F.

Fíjate en las Figuras F y G. Piensa en ellas. Luego, contesta las preguntas que siguen.

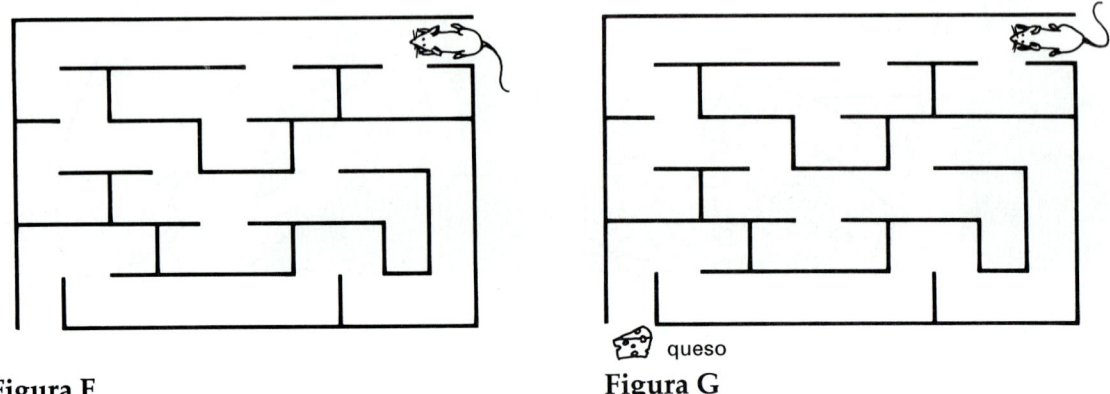

Figura F   **Figura G**

1. Los ratones aprenderán a pasar por el laberinto al usar el método de

    _____ .

    prueba y desacierto, memoria, razonamiento

2. Después de aprender bien el laberinto, los ratones encontrarán el camino por

    _____ .

    prueba y desacierto, memoria, razonamiento

3. **a)** ¿Cuál de los ratones probablemente aprenderá el laberinto más rápido?

    _____

   b) Este hecho significa que un premio _____ ayuda en el aprendizaje.

    sí, no

HACER CORRESPONDENCIAS

Empareja cada término de la Columna A con su descripción en la Columna B. Escribe la letra correcta en el espacio en blanco.

Columna A	Columna B
_____ 1. prueba y desacierto	**a)** forma más avanzada de aprendizaje
_____ 2. costumbre	**b)** utiliza la información almacenada
_____ 3. memoria	**c)** utiliza un estímulo sustituido
_____ 4. razonamiento	**d)** aprender de los errores
_____ 5. condicionamiento	**e)** aprender por los ensayos

COMPLETA LA ORACIÓN

Completa cada oración con una palabra o una frase de la lista de abajo. Escribe tus respuestas en los espacios en blanco. Se pueden usar algunas palabras más de una vez.

cerebro   memoria   costumbre
prueba y desacierto   condicionamiento   razonamiento
seres humanos   nervioso

1. Los cinco métodos de aprendizaje son _____ , _____ ,
   _____ , _____ y _____ .

2. Aprender al sustituir un estímulo se llama _____ .

3. Aprender mediante ensayos se llama _____ .

4. Aprender al intentar por maneras distintas se llama _____ .

5. Aprender al almacenar la información se llama _____ .

6. Aprender al pensar se llama el _____ .

7. Los _____ utilizan el razonamiento para resolver problemas.

8. La memoria es la información almacenada en el _____ .

9. El cerebro es parte del sistema _____ .

DIVIÉRTATE AL APRENDER: PRUEBA Y DESACIERTO

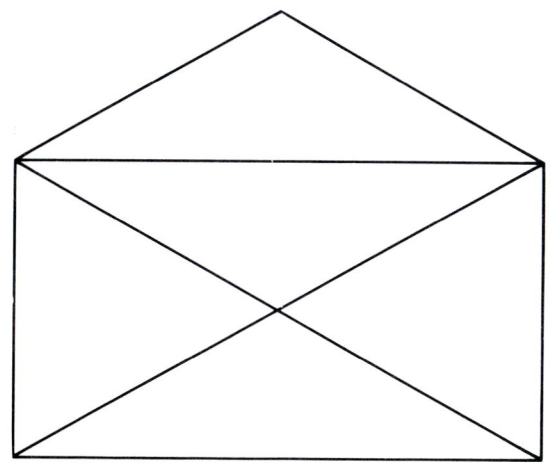

Figura H

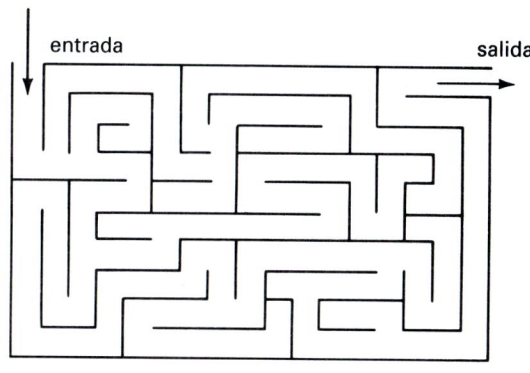

entrada   salida

Figura I

1. Dibuja esta figura sin alzar tu lápiz.

2. Busca el camino por este laberinto.

Sigue las pistas para solucionar este crucigrama.

Pistas

Horizontales

1. Dióxido de carbono es un _____.

5. Todas las acciones de un organismo

7. Sinónimo de "extraño"

9. Sinónimo de "encima de"

10. Prueba y desacierto es un método para _____.

13. Un mueble de la sala

15. Una arteria es un _____ sanguíneo.

16. Antónimo de "no"

17. Pájaro en mano vale cien _____.

Verticales

1. Lo que hace uno por la noche

2. Una acción aprendida automática

3. Sabes tu dirección de _____.

4. Los _____ humanos pueden razonar.

5. Parte del sistema nervioso

6. Acciones innatas y automáticas

8. Envían y reciben "mensajes"

11. Científico que hizo experimentos con un perro

12. Animal marino que puede razonar

14. Hembra de la familia oso

15. Con los ojos puedes _____.

¿Cuáles son los órganos reproductores?

26

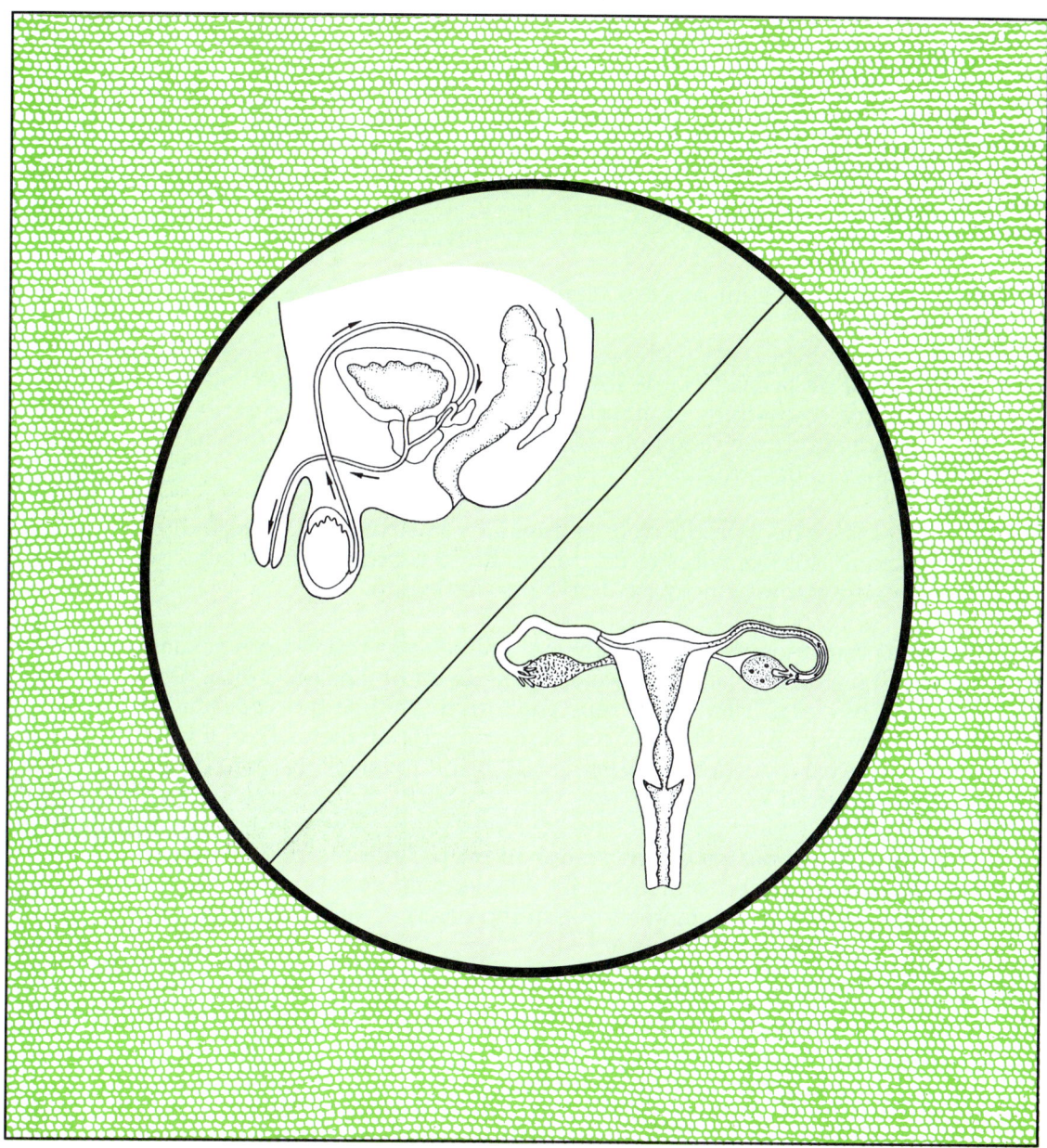

óvulo: célula reproductora femenina
ovarios: órganos reproductores femeninos
espermatozoide: célula reproductora masculina
testículos: órganos reproductores masculinos

LECCIÓN 26 | ¿Cuáles son los órganos reproductores?

La reproducción es un proceso vital. Sin ésta, todos los seres vivos se extinguirían.

A diferencia de la mayoría de los otros sistemas del cuerpo, el sistema reproductor es distinto en hombres y en mujeres. Estas diferencias empiezan a surgir tan temprano como seis semanas después de que un bebé empieza a desarrollarse.

Hay dos clases de reproducción: la asexual y la sexual. En la reproducción asexual, sólo se necesita un padre. En la reproducción sexual, se necesitan dos padres, uno masculino y otro femenino.

Los seres humanos y muchos plantas y animales se reproducen sexualmente. El método de la reproducción varía de un organismo a otro, pero una cosa es cierta. Una célula reproductora masculina, un **espermatozoide**, tiene que unirse con una célula reproductora femenina, un **óvulo**. Sólo en este caso pueden comenzar el desarrollo y el crecimiento de un nuevo organismo.

¿Cuáles son las partes de los sistemas reproductores masculinos y femeninos de los seres humanos? En esta lección, vamos a estudiar los sistemas reproductores, tanto el masculino como el femenino, y en qué consiste cada sistema de órganos.

EL SISTEMA REPRODUCTOR FEMENINO

El sistema reproductor femenino tiene cuatro partes principales. Éstas son los **ovarios**, los oviductos, el útero y la vagina. Fíjate en la Figura A y busca cada órgano mientras que se explica su función.

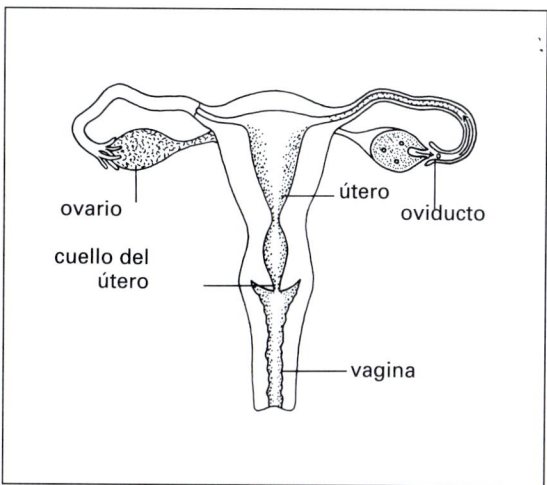

Figura A

Los ovarios

Hay dos ovarios, uno a cada lado del útero. Cada ovario tiene más o menos el tamaño y la forma de una aceituna aplastada y cubierta de bultos. Los ovarios son los principales órganos sexuales femeninos. Los ovarios contienen dos tipos de células. Un tipo de célula produce los óvulos. El otro tipo de célula produce las hormonas. Estas hormonas se encargan del desarrollo de los caracteres sexuales secundarios y del comienzo de la pubertad.

El oviducto

Hay dos oviductos. Cada oviducto se extiende del útero a uno de los ovarios. El lado más cercano al ovario tiene proyecciones como deditos. Los oviductos tambíen se llaman trompas de Falopio.

Una vez al mes uno de los ovarios suelta un óvulo que entra en el oviducto. El óvulo pasa por el oviducto y entra en el útero. La fecundación, cuando ocurra, toma lugar dentro de uno de los oviductos.

El útero

El útero, o la matriz, tiene la forma parecida a la de una pera que está boca abajo. Es un órgano hueco y muscular con paredes gruesas. Está dentro del útero que se desarrolla un embrión. El extremo inferior del útero se llama el cuello del útero.

La vagina

El cuello del útero une el útero y la vagina. Durante el parto, el bebé pasa por la vagina. Por esta razón, la vagina también se llama el canal o el conducto del parto.

PARA COMPRENDER EL SISTEMA REPRODUCTOR FEMENINO

La Figura B muestra los órganos reproductores femeninos. Sin referirte a la página anterior, trata de identificarlos por letra.

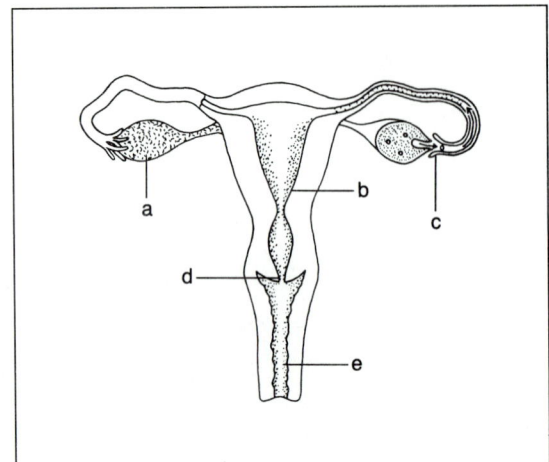

1. útero _____

2. ovarios _____

3. vagina _____

4. oviducto _____

5. cuello del útero _____

Figura B

Contesta las siguientes preguntas sobre el sistema reproductor femenino.

1. ¿Cómo se llaman las células reproductoras femeninas? _____

2. ¿Dónde se almacenan los óvulos? _____

3. ¿Dónde se desarrolla un embrión? _____

4. ¿Dónde sucede la fecundación? _____

5. ¿Cómo llega un óvulo al útero? _____

MÁS SOBRE LOS ÓVULOS

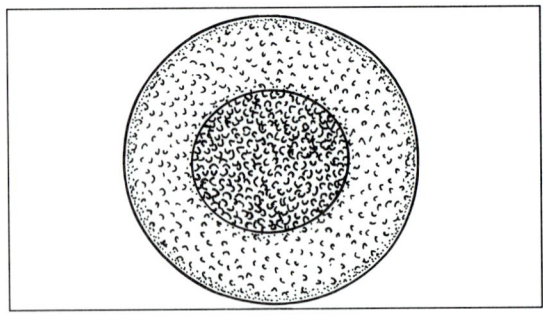

Un óvulo tiene el tamaño de la punta de alfiler. En comparación con las otras células, el óvulo es grande. En realidad, se puede ver un óvulo sin usar un microscopio.

Cada óvulo es capaz de desarrollarse en un embrión, si se une con una célula sexual masculina.

Figura C

LA OVULACIÓN Y LA MENSTRUACIÓN

Desde el momento en que nace, una niña pequeña tiene todas las células de óvulos que va a tener por toda la vida. Sin embargo, los óvulos no están completamente desarrollados. Las células de óvulos empiezan a desarrollarse cuando comienza la pubertad. Las muchachas generalmente empiezan la pubertad entre las edades de 10 a 14 años. Se caracteriza la pubertad por el comienzo de la menstruación.

El ciclo menstrual ocurre cada 28 a 32 días. Comienza con la entrada de las hormonas dentro del cuerpo. Utiliza la Figura D para seguir la trayectoria de un óvulo.

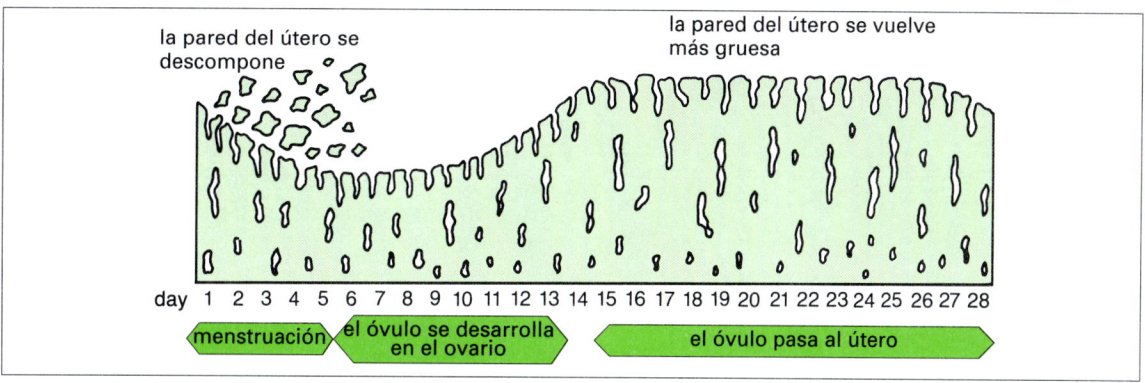

Figura D

- Durante el primer paso, una hormona hace que un óvulo se desarrolle. La pared uterina empieza a volverse gruesa con vasos sanguíneos.

- Durante el segundo paso, el ovario echa el óvulo en el oviducto. Este paso se llama la ovulación.

- Durante el tercer paso, la pared uterina sigue poniéndose más gruesa. Este paso prepara el útero para un embrión, si el óvulo se ha fecundado.

- Sólo ocurre el cuarto paso si no se ha fecundado el óvulo. El tejido, la sangre y el moco que formaban la pared uterina se descomponen y se evacuan del cuerpo. Este proceso se llama la menstruación.

EL SISTEMA REPRODUCTOR MASCULINO

El sistema reproductor masculino también tiene cuatro partes principales. Éstas son los **testículos**, la uretra, el conducto deferente y el pene. Fíjate en la Figura E y busca cada órgano mientras que se explica su función.

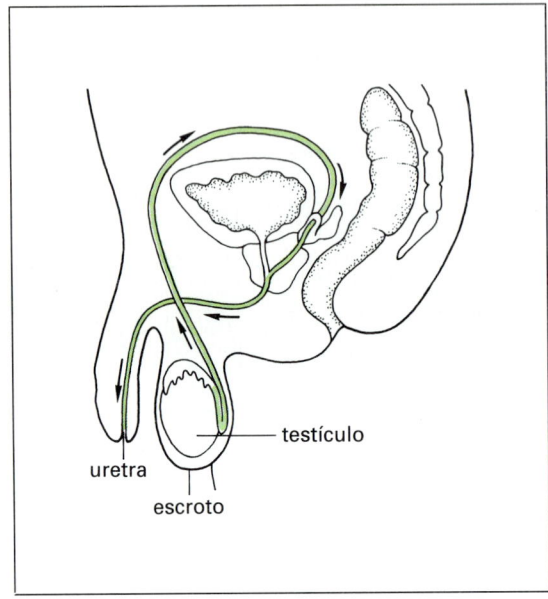

Figura E

Los testículos

Los testículos son los órganos reproductores masculinos principales. Los testículos, al igual que los ovarios, contienen dos tipos de células. Un tipo de célula produce los espermatozoides. El otro tipo de célula produce las hormonas que se encargan del desarrollo de los caracteres sexuales secundarios. Los testículos se sitúan fuera del cuerpo en una cavidad que se llama el escroto.

El conducto deferente

El conducto deferente es un tubo que se extiende de cada testículo hacia dentro de la uretra. Cuando se expelen los espermatozoides, entran en el conducto deferente y pasan a la uretra.

La uretra

La uretra es un tubo ubicado dentro del pene. Mientras los espermatozoides entran en la uretra, varias glándulas secretan un líquido. Este líquido ayuda a los espermatozoides a moverse con más facilidad. La mezcla del líquido y los espermatozoides se llama el semen. Se expele el semen por el pene durante la eyaculación.

La uretra también forma parte del sistema excretorio masculino. La orina pasa de la vejiga hacia fuera del cuerpo por la uretra.

Contesta las siguientes preguntas sobre el sistema reproductor masculino.

1. ¿Cómo se llaman las células reproductoras masculinas? _____

2. ¿Dónde se producen los espermatozoides? _____

3. ¿Dentro de cuáles de los tubos entran primero los espermatozoides?

   _____

4. Nombra el tubo por el que salen finalmente del cuerpo los espermatozoides.

   _____

MÁS SOBRE LOS ESPERMATOZOIDES

Un espermatozoide tiene dos partes: una cabeza y una cola. Los espermatozoides son mucho más pequeños que los óvulos. Necesitas usar un microscopio para poder verlos.

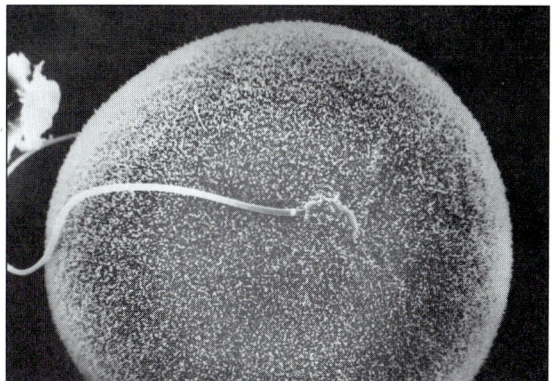

Figura F

La Figura F enseña una sola célula de óvulo y varias células de espermatozoides. Fíjate en el tamaño mucho más grande del óvulo.

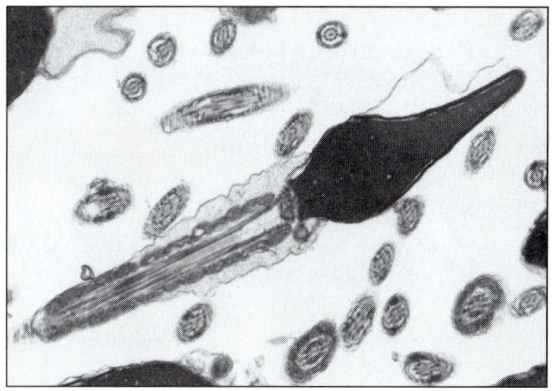

Figura G

La Figura G es una fotografía aumentada de un espermatozoide. Fíjate en la cabeza y la cola del espermatozoide.

1. ¿Para qué crees que sirve la cola del espermatozoide?_____

_____

2. ¿Tiene cola un óvulo?_____

HACER CORRESPONDENCIAS

Empareja cada término de la Columna A con su descripción en la Columna B. Escribe la letra correcta en el espacio en blanco.

Columna A

_____ 1. el cuello del útero

_____ 2. los óvulos

_____ 3. los ovarios

_____ 4. el oviducto

_____ 5. el escroto

_____ 6. los espermatozoides

_____ 7. los testículos

_____ 8. la uretra

_____ 9. el útero

_____ 10. la vagina

_____ 11. el conducto deferente

Columna B

a) tubo que va desde los testículos hasta la uretra

b) extremo estrecho del útero

c) "bolsillo" de piel que contiene un testículo

d) órgano en que se desarrolla un embrión

e) tubo que transporta los espermatozoides y la orina hacia fuera del cuerpo

f) tubo largo entre el ovario y el útero

g) órganos principales del sistema reproductor masculino

h) células sexuales femeninas

i) células sexuales masculinas

j) órganos que producen las células sexuales femeninas

k) canal o conducto del parto

AMPLÍA TUS CONOCIMIENTOS

El útero es muy muscular. ¿Por qué crees que esto es importante?

_____

_____

_____

_____

¿Cómo sucede la fecundación?

27

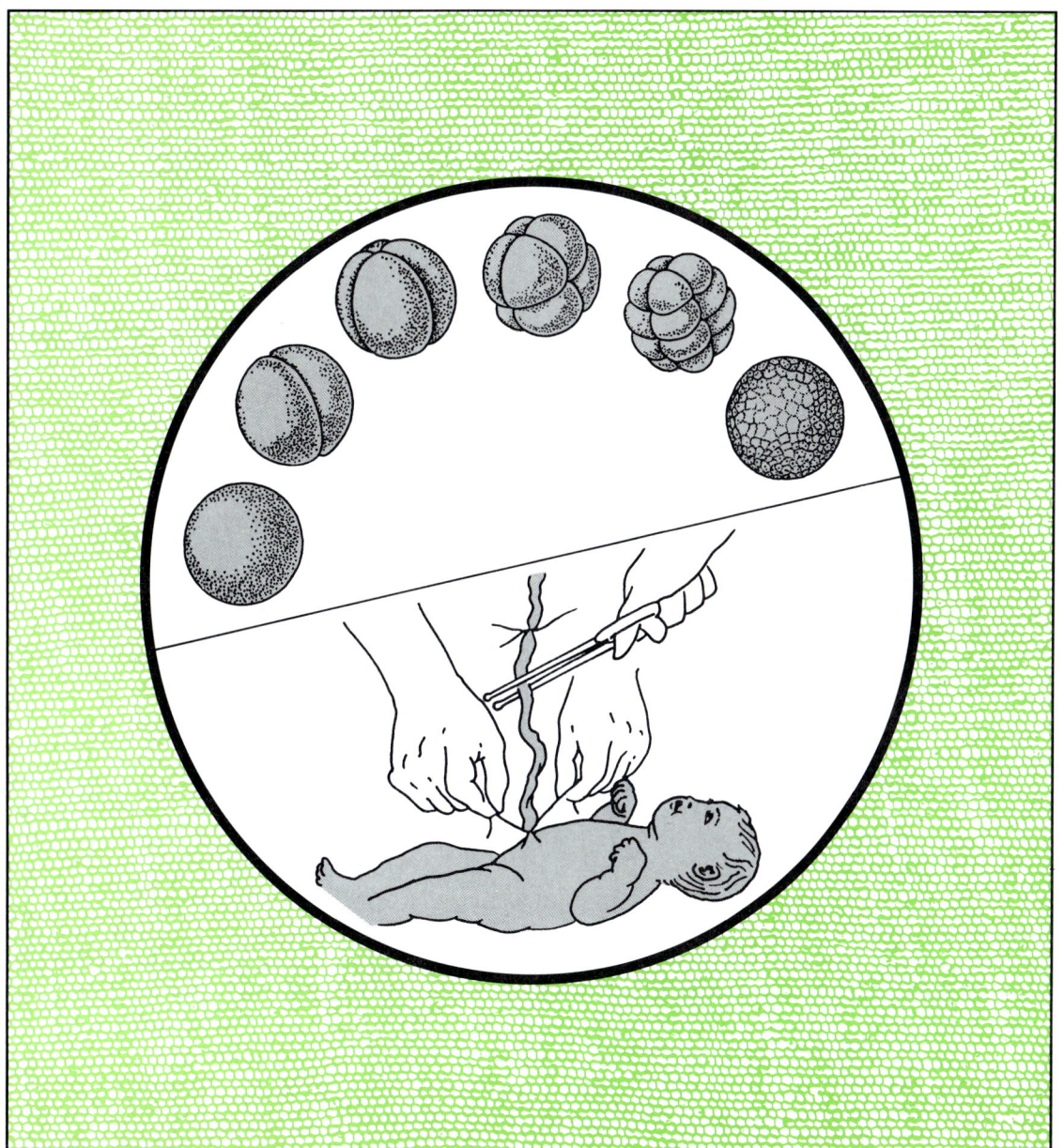

embrión: bola hueca de células formadas por la división celular del zigoto
fecundación: unión de una célula del espermatozoide y una célula del óvulo
placenta: órgano por el que un embrión recibe alimentación y elimina desechos
zigoto: óvulo fecundado producido por la fecundación

LECCIÓN 27 | ¿Cómo sucede la fecundación?

Como acabas de aprender en la Lección 26, aproximadamente una vez cada 28 días, una mujer ovula. Uno de sus óvulos sale del ovario y viaja al oviducto en su camino al útero. Los pelitos muy pequeños forran el oviducto. El movimiento de estos pelitos mueve el óvulo hacia el útero. Si va a ocurrir la fecundación, un solo espermatozoide tiene que alcanzar y penetrar en ese óvulo dentro del oviducto. La fecundación es la unión de un espermatozoide y un óvulo. (En los animales y en las plantas, esta unión se llama la fertilización.)

¿Cómo se encuentran el óvulo y el espermatozoide? Un óvulo es pasivo. No puede moverse por su propia cuenta. Una célula del espermatozoide, sin embargo, sí puede moverse. Un espermatozoide tiene una cola larga. El movimiento de esta cola mueve el espermatozoide.

¡Así empieza la carrera por la fecundación! Durante la eyaculación, millones de células de espermatozoides se expelen. Sin embargo, sólo un espermatozoide puede penetrar en el óvulo. El óvulo emite una sustancia química que atrae los espermatozoides. Los millones de espermatozoides nadan hacia el óvulo. Solamente un bajo porcentaje de los espermatozoides alcanzan el oviducto. Aún menos llegan al óvulo. Los espermatozoides que llegan al óvulo lo rodean. Cada espermatozoide intenta penetrar en el óvulo. Pero, ¡solamente puede haber un ganador!

El espermatozoide que tiene éxito penetra en el óvulo y su núcleo. En ese momento, sucede la fecundación. El óvulo desarrolla una membrana protectora alrededor de sí mismo para evitar que otros espermatozoides penetren en el óvulo.

El óvulo fecundado, o **zigoto**, empieza a dividirse. Entra en el útero y se sujeta a la pared uterina. Se prosigue con la división de la célula a un paso más rápido. Dentro de nueve meses, se nacerá una nueva persona.

LA FECUNDACIÓN HUMANA

Las Figuras A, B y C muestran los pasos de la fecundación humana.

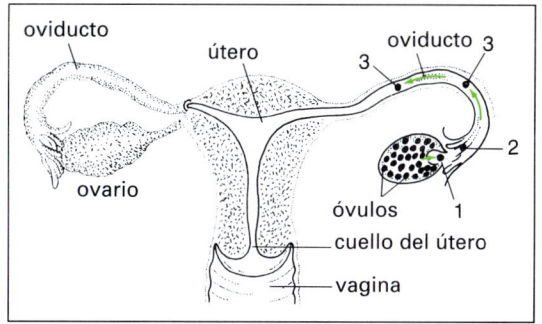

Figura A

1. El ovario expele un óvulo que está desarrollado.

2. El óvulo entra en el oviducto.

3. El óvulo pasa a lo largo del oviducto.

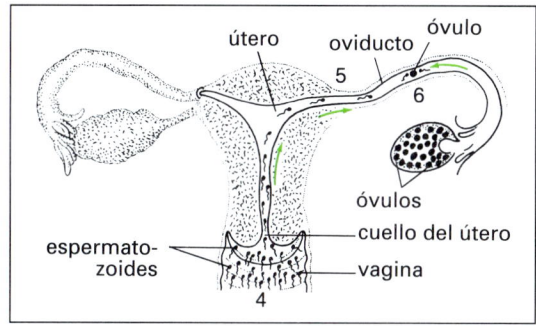

Figura B

4. Millones de espermatozoides entran en el sistema reproductor femenino por la vagina.

5. Los espermatozoides nadan hacia el oviducto y el óvulo.

6. Sólo muy pocos espermatozoides llegan al óvulo.

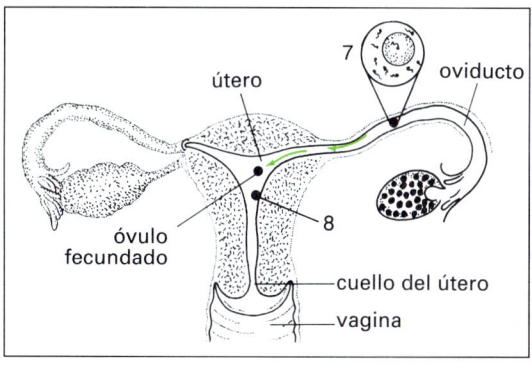

Figura C

7. Un espermatozoide penetra en el óvulo y su núcleo. Sucede la fecundación.

8. El óvulo fecundado (el zigoto) se sujeta a la pared uterina.

1. ¿Cuántos óvulos se expulsan durante la ovulación? _____

2. ¿Dónde sucede la fecundación? _____

3. ¿Cuántos espermatozoides fecundan un óvulo? _____

4. ¿Cómo se mueven los espermatozoides? _____

5. ¿Cómo se llama un óvulo fecundado? _____

Después de la fecundación, el zigoto es una <u>sola</u> célula. Es un caso en que uno más uno son uno. El zigoto se divide por la mitosis. Se forman dos células unidas. Otra vez, se dividen mediante la mitosis y se hacen cuatro células unidas. La división de las células continúa hasta que se forme una bola hueca de células. Esta bola hueca de células se sujeta a la pared uterina. La masa de células ahora se llama un **embrión**. Todos los tejidos y los órganos del cuerpo se forman de las células en el embrión.

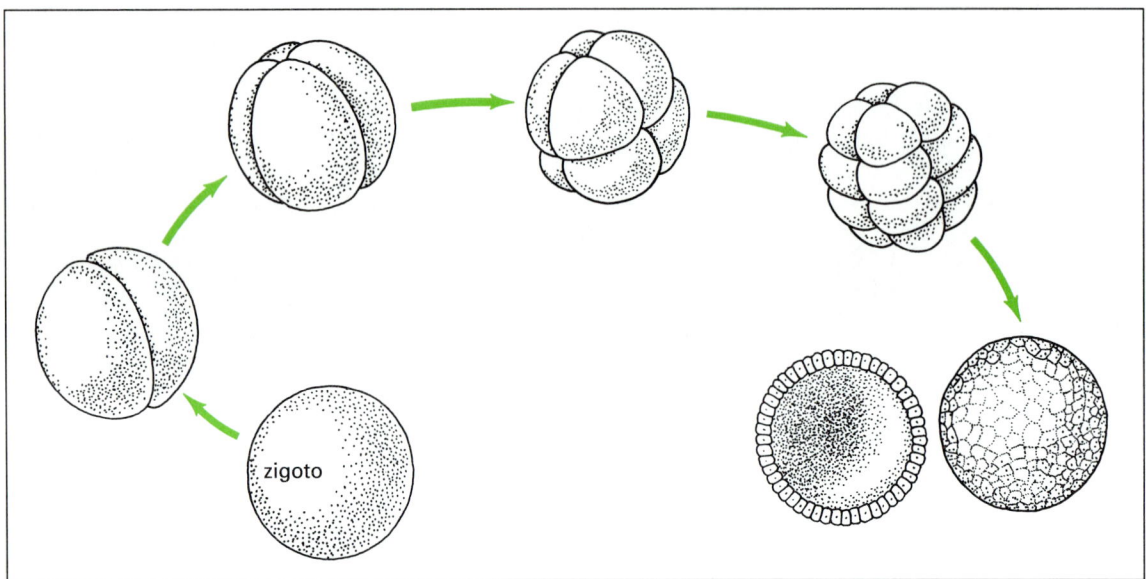

Figura D   *La mitosis en un zigoto.*

El tejido que rodea al embrión se transforma en una estructura gruesa y plana que se llama la **placenta**. El embrión se liga a la placenta por el cordón umbilical. El cordón umbilical es una estructura, como una cuerda, que contiene dos vasos sanguíneos grandes. Un vaso sanguíneo lleva la sangre rica en nutrimentos al embrión. El otro vaso sanguíneo lleva los desechos hacia fuera del embrión.

El embrión en desarrollo está protegido por un saco claro, lleno de líquido. Este saco se llama el amnios.

1. ¿Qué es un embrión? _____

2. ¿Cómo recibe su alimentación el embrión?_____

    _____

    _____

3. ¿Por qué crees que es importante que el embrión reciba alimentación y elimine los

    desechos?_____

    _____

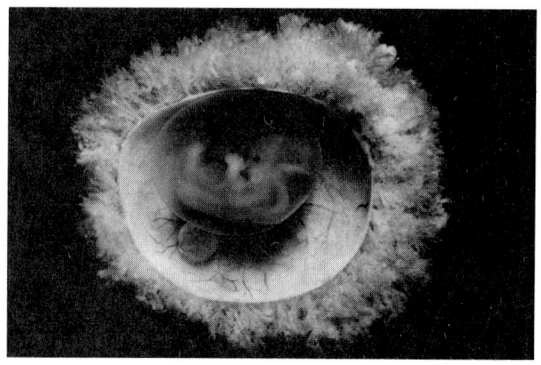

Figura E

Al cabo de unas ocho semanas, el embrión empieza a desarrollar un corazón, un cerebro y un cordón nervioso. También se forman los ojos y los oídos. Empiezan a formarse también pequeñas protuberancias que serán los brazos y las piernas con sus dedos de la mano y los del pie. El hueso empieza a reemplazar el cartílago en el esqueleto del embrión. Cuando se termina este reemplazo de hueso, el embrión se llama un feto. El feto se parece más a un bebé. El feto sigue desarrollándose rápidamente.

Al cabo de unos nueve meses, el feto está desarrollado por completo. ¡Está listo! Las hormonas en la madre hacen que el útero empiece a apretarse, o contraerse.

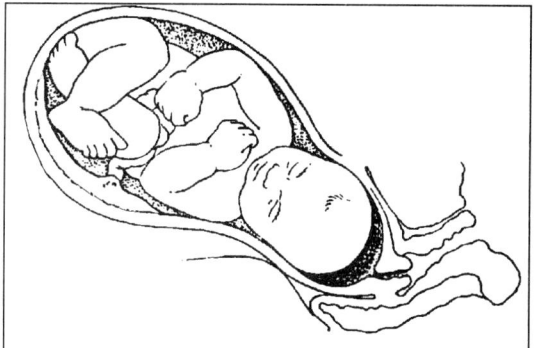

Figura F

Las contracciones del útero se llaman el parto. Las contracciones se hacen más fuertes y ocurren más frecuentemente.

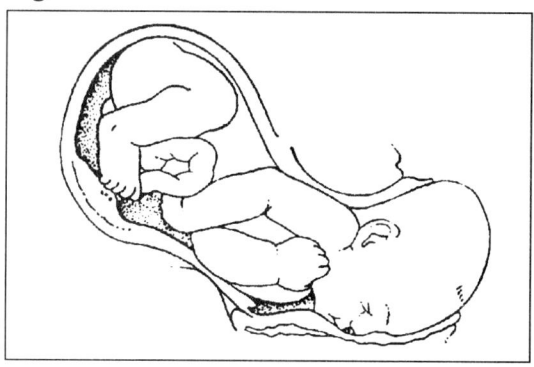

Figura G

Los músculos en la pared uterina empiezan a empujar al bebé hacia afuera.

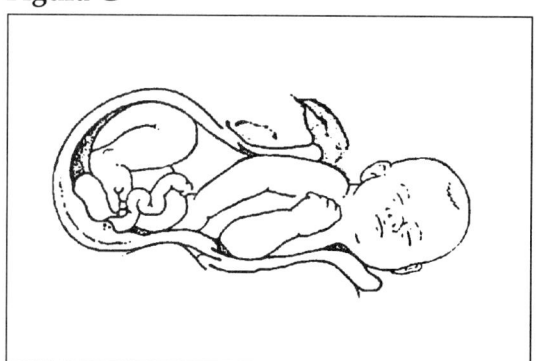

Figura H

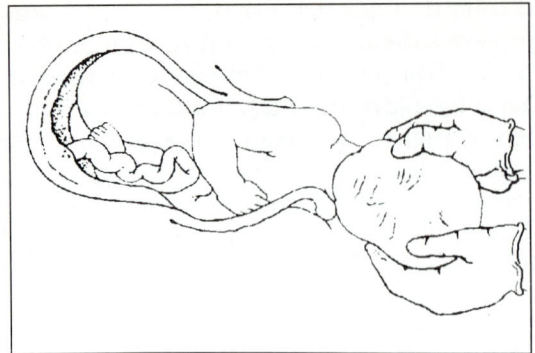

El parto continúa hasta que el cuerpo del bebé esté empujado hacia fuera del cuerpo de la madre. Aún más contracciones expulsan la placenta del cuerpo de la madre.

Figura I

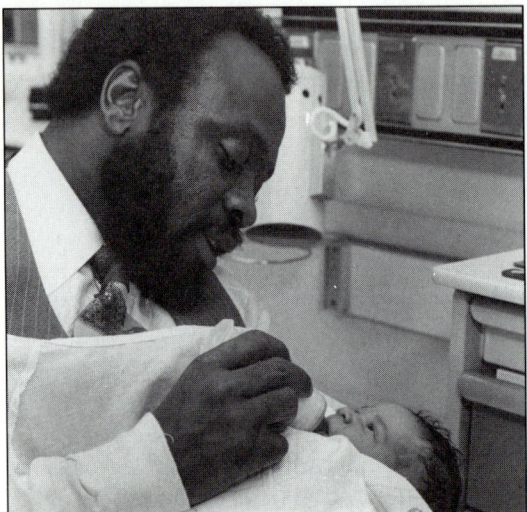

¡Hola, nene! ¡Feliz cumpleaños!

Figura J

HACER CORRESPONDENCIAS

Empareja cada término de la Columna A con su descripción en la Columna B. Escribe la letra correcta en el espacio en blanco.

Columna A	Columna B
_____ **1.** el amnios	**a)** bola de células formada por la división celular
_____ **2.** el embrión	**b)** óvulo fecundado
_____ **3.** el feto	**c)** estructura que se parece a una cuerda
_____ **4.** la ovulación	**d)** embrión en que el reemplazo por hueso se ha terminado
_____ **5.** el cordón umbilical	**e)** saco claro y lleno de líquido
_____ **6.** el zigoto	**f)** expulsión de los ovarios de un óvulo desarrollado

CONTESTACIONES MÚLTIPLES

En el espacio en blanco, escribe la letra de la respuesta que mejor termine cada oración.

_____ **1.** Un óvulo desarrollado sale del ovario y entra en el oviducto durante

    a) la menstruación. **b)** la ovulación. **c)** la mitosis. **d)** la fecundación.

_____ **2.** El cordón umbilical une el embrión y

    a) el amnios. **b)** el cuello del útero. **c)** el útero. **d)** la placenta.

_____ **3.** En los hombres, tanto la orina como los espermatozoides salen del cuerpo a través

    a) de la uretra. **b)** del escroto. **c)** del gameto. **d)** de los testículos.

_____ **4.** Un embrión en desarrollo está acomodado y protegido por

    a) un cordón umbilical. **b)** los ovarios. **c)** el amnios. **d)** la placenta.

_____ **5.** El ciclo menstrual es una serie de cambios en el sistema reproductor femenino que suceden aproximadamente

    a) una vez a la semana. **b)** una vez al mes. **c)** una vez al año.
    d) dos veces al año.

_____ **6.** La nueva célula producida por la fecundación se llama

    a) un óvulo. **b)** un amnios. **c)** un zigoto. **d)** un oviducto.

_____ **7.** Los ovarios producen hormonas y

    a) espermatozoides. **b)** óvulos. **c)** zigotos. **d)** orina.

_____ **8.** Un embrión recibe alimentación y elimina los desechos mediante

    a) el amnios. **b)** el cordón umbilical. **c)** la placenta. **d)** el útero.

_____ **9.** Un zigoto se sujeta a la pared

    a) del útero. **b)** del ovario. **c)** de la vagina. **d)** del cuello del útero.

_____ **10.** El proceso por el que la sangre y el tejido de la pared uterina salen del útero se llama

    a) la ovulación. **b)** el parto. **c)** la menstruación. **d)** la meiosis.

_____ **11.** Los órganos principales del sistema reproductor masculino son

    a) las células de los espermatozoides. **b)** las uretras. **c)** las testosteronas.
    d) los testículos.

_____ **12.** Cuando se expulsa un óvulo desarrollado del ovario, éste pasa por

    a) la vagina. **b)** el cuello del útero. **c)** el útero. **d)** el oviducto.

_____ **13.** ¿Cuál de los siguientes sólo puede suceder durante la ovulación?

    a) la menstruación **b)** la fecundación **c)** la meiosis **d)** la mitosis

PALABRAS REVUELTAS

A continuación hay varias palabras revueltas que has usado en esta lección. Pon las letras en orden y escribe tus respuestas en los espacios en blanco.

1. NIERMBÓ   _____

2. OZTOIG   _____

3. TACNELAP   _____

4. TOEF   _____

5. DAFEÓNCINUC   _____

AMPLÍA TUS CONOCIMIENTOS

Durante el parto, la placenta sigue unida al nene por el cordón umbilical. ¿Por qué los médicos quitan el cordón umbilical al nacer el nene?

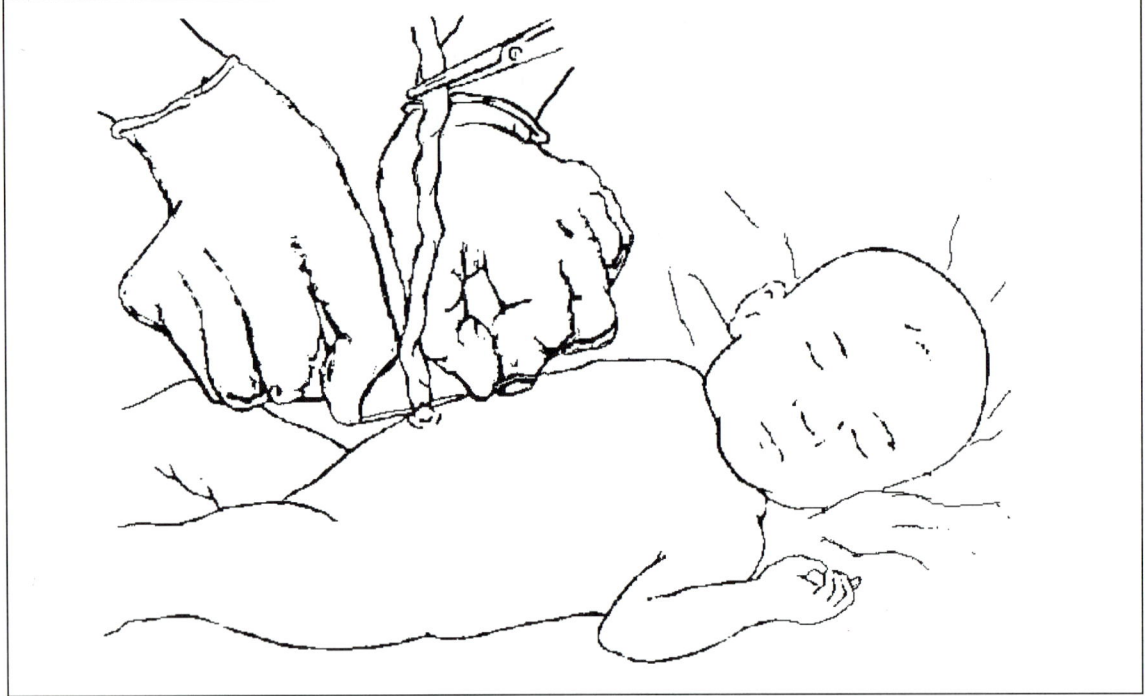

Figura K

_____

_____

_____

¿Cuáles son las etapas del desarrollo humano?

28

¿Cuáles son las etapas del desarrollo humano?

Como aprendiste en la lección anterior, un bebé en desarrollo pasa por varias etapas. Después de nacer, el desarrollo continúa. El desarrollo de los seres humanos empieza con el nacimiento y continúa hasta la vejez.

Al nacer, todos los sistemas y los órganos principales del cuerpo están en su lugar. Sin embargo, pasan muchos años antes de que todos los sistemas del cuerpo se desarrollen por completo y sean capaces de funcionar como deben.

La serie de etapas por las que pasa una persona se llama un ciclo vital. El ciclo vital humano tiene cinco etapas. Estas etapas son la infancia, la niñez, la adolescencia, la adulta y la vejez.

En cada etapa del ciclo vital humano, suceden varios acontecimientos que singularizan esa etapa.

LA INFANCIA

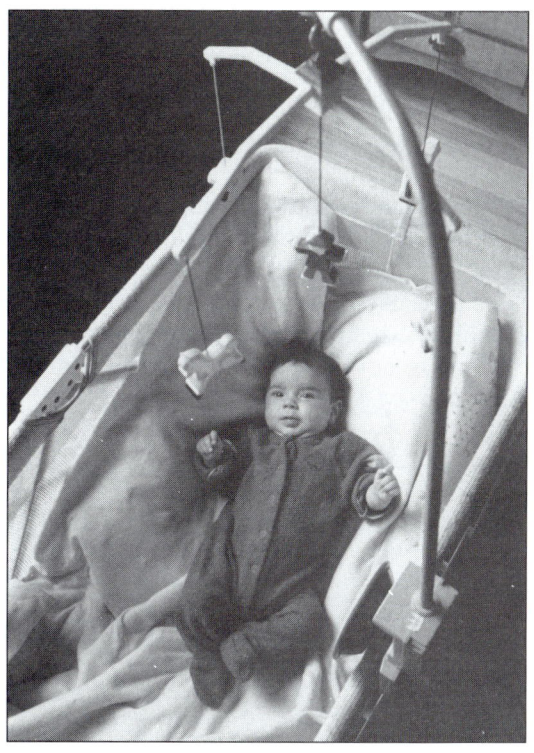

La infancia es la primera etapa del desarrollo humano. La infancia empieza con el nacimiento y termina a los dos años. Al nacer, los bebés son indefensos. Dependen de otros para todo.

Se señala la infancia por el crecimiento rápido. El sistema muscular y el sistema nervioso se desarrollan rápidamente. Las capacidades mentales se desarrollan a medida que el bebé se esté relacionando con su medio ambiente. Para finales de la etapa de la infancia, la mayoría de los niñitos pueden caminar y pueden hablar.

Figura A

LA NIÑEZ

Generalmente, se define la niñez como el período entre las edades de 2 y 10 ó 12. Durante la niñez, ocurre el desarrollo más avanzado del sistema muscular y del nervioso. Los niños también se vuelven más altos y suben de peso. Los primeros dientes se reemplazan por los dientes permanentes. Durante este período, los niños se hacen más independientes. No tienen que depender de otros para ciertas actividades como lo hacían en la infancia. Los niños pueden darse de comer y vestirse. Las capacidades mentales aumentan mucho. La mayoría de los niños empiezan a leer y a escribir durante la niñez.

Figura B

La adolescencia comienza entre los 10 y 12 años. Durante esta etapa los jóvenes pasan por "explosiones" de crecimiento muy rápido. El cuerpo se pone más alto y se hace más fuerte.

También suceden otros cambios físicos. El comienzo de la adolescencia se llama la pubertad. Se desarrollan los órganos sexuales. Los caracteres sexuales secundarios también se desarrollan. Los adolescentes de los dos sexos ahora son capaces de reproducirse.

Figura C

LA PUBERTAD Y LOS CAMBIOS DEL CUERPO

Los dos órganos reproductores en que más influye la pubertad son los ovarios y los testículos. Durante la adolescencia, los ovarios y los testículos se desarrollan por completo. Los ovarios producen óvulos. Los testículos producen espermatozoides. Sin embargo, los ovarios y los testículos también tienen otra función. Fabrican hormonas. Estas hormonas las lleva la sangre a todas las partes del cuerpo. Estas hormonas ayudan en el desarrollo de los caracteres sexuales secundarios.

La hormona sexual femenina fabricada por los ovarios es el estrógeno. El estrógeno es responsable por el desarrollo de los senos, el crecimiento de pelo en el cuerpo, el ensanchamiento de las caderas y el comienzo de la menstruación.

La hormona sexual masculina producida por los testículos es la testosterona. La testosterona es responsable por la producción de espermatozoides y el semen, el crecimiento de pelo en el cuerpo, el aumento del tamaño del pene y de los testículos, el aumento del tamaño de los hombros y los músculos y el bajarse de la voz.

Para los dos sexos, el crecimiento general se disminuye después de la pubertad.

LA ETAPA ADULTA

Figura D

La etapa adulta empieza generalmente entre los 18 y 21 años de edad. Se señala por el final del crecimiento físico. El desarrollo muscular y la coordinación llegan al auge durante la etapa adulta.

LA VEJEZ

Figura E

La vejez es el comienzo de los procesos del envejecimiento. Entre las edades de 30 y 50 años, el tono de los músculos empieza a disminuir. Otras señales del envejecimiento son una disminución de la coordinación y la fuerza física. Los órganos de los sentidos, tales como los ojos y los oídos, pueden dejar de funcionar tan bien como lo hacían antes. Los huesos se vuelven frágiles y se quiebran fácilmente.

Para diferentes personas, el envejecimiento sucede a diferentes edades. El comienzo del envejecimiento depende de las actitudes y de las costumbres personales del individuo. Las personas que se hayan alimentado adecuadamente y que hayan hecho ejercicio con regularidad, pueden no mostrar señales del envejecimiento hasta llegar a los 70. Las personas que fuman, que toman bebidas alcohólicas o que abusan de las drogas van a envejercerse más rápido que las personas que no lo hacen.

Por esta razón, es importante ahora pensar en el futuro. Las costumbres que adoptes ahora van a traer consecuencias al empezar el envejecimiento.

Contesta cada pregunta en los espacios en blanco.

1. ¿Cuáles son algunas de las señales del envejecimiento? _____

   _____

2. ¿Cuáles son algunas formas de retardar el proceso del envejecimiento? _____

   _____

3. ¿Cómo podrías comparar los cambios que suceden durante la infancia con los del

   envejecimiento? _____

   _____

4. ¿Cómo cambian los huesos durante la vejez? _____

   _____

5. Entre los 11 años y los 14 años, los niños y las niñas pasan por un período de rápidos

   cambios físicos. ¿Por qué? _____

   _____

COMPLETA LA TABLA

Pon la letra de cada oración en la columna debajo de la etapa del ciclo vital humano que se describe. Vas a usar unas letras más de una vez.

Infancia	Niñez	Adolescencia	Etapa adulta	Vejez

a. Los sentidos se debilitan.

b. Termina el crecimiento físico.

c. Sucede la pubertad.

d. El vocabulario se desarrolla.

e. Se acaba el desarrollo muscular.

f. Se hace capaz de reproducirse.

g. Algunos órganos no están completamente desarrollados.

h. Se desarrolla la capacidad para el razonamiento.

i. Los músculos y los nervios se desarrollan rápidamente.

¿Qué significa la buena salud?

29

LECCIÓN 29 | ¿Qué significa la buena salud?

"¿Cómo estás?" . . . "¡Bien!" . . . Ésta es la pregunta que se hace y se contesta con más frecuencia. Pero, ¿qué quiere decir "bien"? A algunas personas significa "no estar enfermas" y nada más. Sin embargo, la buena salud significa más que "no estar enfermo". También significa sentirse feliz y tener mucha energía. Significa aceptar y adaptarse a las tensiones, las desilusiones y los desafíos de todos los días. En breve, la buena salud significa "no sólo vivir" sino DISFRUTARSE de la vida también.

Hay cuatro elementos básicos de la buena salud. Estos incluyen el descanso adecuado, el ejercicio con regularidad, la alimentación equilibrada y la conservación del peso.

UNA DIETA EQUILIBRADA Ya has aprendido acerca de tener una dieta equilibrada. Una dieta equilibrada te proporciona la energía que necesitas para las actividades diarias, el crecimiento y la conservación del cuerpo.

CONSERVAR EL PESO La cantidad de alimentos que consumes todos los días y la cantidad de energía que tu cuerpo necesita son importantes para la conservación de tu peso. Si te alimentas de más comida que el cuerpo necesite, vas a subir de peso. Si te alimentas de menos comida que el cuerpo necesite, vas a bajar de peso. Durante la adolescencia, mucha energía se dedica al crecimiento, así que es muy importante alimentar al cuerpo de la energía que necesita.

HACER EJERCICIO CON REGULARIDAD El ejercicio también se relaciona con la conservación del peso. Al hacer ejercicio, utilizas más energía. Muchas veces esto lleva a la pérdida de peso. Pero el ejercicio también es importante para la buena salud. El ejercicio hecho con regularidad fortalece el corazón y los otros músculos. Ayuda a tener una línea recta y mejora la resistencia. Cuando estás muy bien de salud y en buena forma, muchas veces gozas de mejor imagen propia.

DESCANSO ADECUADO El descanso es tan importante como los otros elementos de la buena salud. El sueño es la mejor forma del descanso. Todas las personas necesitan diferentes cantidades de descanso diario. Si no te descansas lo suficiente, el cuerpo se volverá débil y será más susceptible a las enfermedades.

La buena salud se trata no sólo del bienestar físico sino también del bienestar mental y social. Las decisiones que tomas hoy tendrán un efecto en tu salud en el futuro.

¿Cuáles son algunos de los beneficios de la buena salud? Las personas sanas tienen más energía. Los sistemas del cuerpo funcionan mejor. Las personas sanas tienen más control sobre las emociones y las tensiones. Las personas sanas son más confiadas. Gozan de una mejor imagen propia. La salud realmente buena no sucede por sí sola. Tienes que esforzarte para tenerla. ¡Los resultados valen la pena!

La buena salud se trata de más que el ejercicio, la dieta y el descanso. Otras cosas también son importantes.

Figura A *Limita la cantidad de sal y grasa en la dieta.*

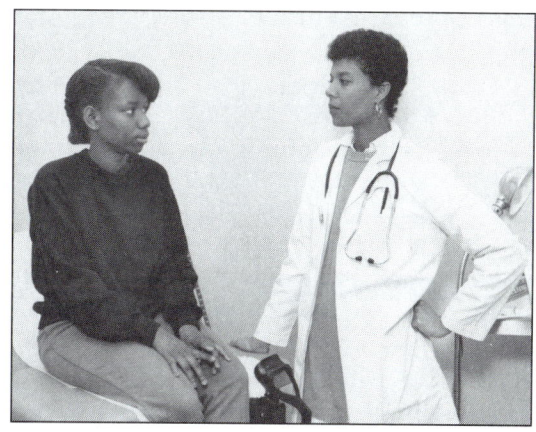

Figura B *Visita al médico con regularidad para reconocimientos físicos.*

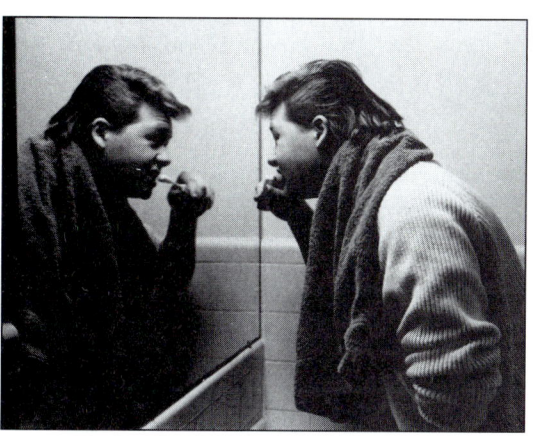

Figura C *Límpiate los dientes y usa seda dental con regularidad. Visita al dentista para reconocimientos dentales periódicos.*

Figura D *Abróchate el cinturón de seguridad siempre que estés en el coche. Sigue las otras reglas para la seguridad en el coche.*

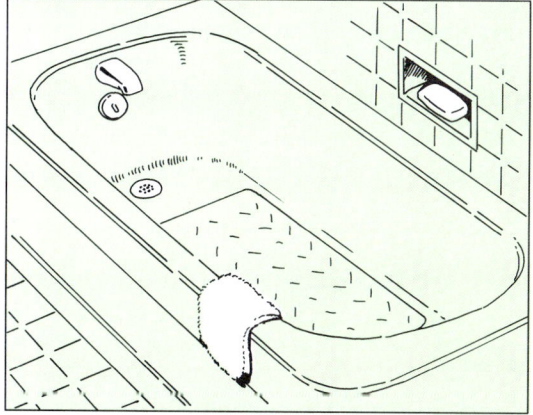

Figura E *¡Consérvate limpio! Báñate con*

Figura F *"Zona escolar libre de drogas" No fumes, no bebas, no uses las drogas.*

COMPLETA LA ORACIÓN

Completa cada oración con una palabra o una frase de la lista de abajo. Escribe tus respuestas en los espacios en blanco. Algunas palabras pueden usarse más de una vez.

se adapta	ejercicio	enfermo
alcohol	grasa	sueño
dieta equilibrada	descanso	tabaco
drogas	sal	peso

1. Si te alimentas de más comida que el cuerpo necesite para la energía, vas a subir de

    _____ .

2. La fuente principal del descanso es el _____ .

3. El _____ fortalece el corazón y los otros músculos.

4. Los cuatro elementos principales de la buena salud son conservar el _____ , _____

    _____ con regularidad, tener una _____ y recibir suficiente

    _____ .

5. Estar de buena salud significa más que simplemente no estar _____ .

6. Una persona realmente saludable _____ a los problemas de todos los días.

7. Estar de buena salud también significa "decir que no" a las _____ , al _____

    y al _____ .

8. Intenta limitar el consumo de _____ y de _____ para conservar la buena salud.

AMPLÍA TUS CONOCIMIENTOS

Hay muchos otros elementos de la buena salud que no se mencionan en esta lección.

Piensa en todos los otros que puedas. Escribe tus respuestas en los espacios en blanco.

Luego, comparte tus ideas con tus compañeros de clase. _____

_____

¿Cuáles son los efectos de las drogas en el cuerpo?

$\boxed{30}$

droga: cualquiera de las sustancias químicas que hace cambios en el cuerpo
abuso de drogas: uso desacertado de una droga

LECCIÓN 30 | ¿Cuáles son los efectos de las drogas en el cuerpo?

¿Has tomado drogas alguna vez? Piensa antes de contestar. Una **droga** es una sustancia química cualquiera que hace cambios en el cuerpo. Las drogas pueden causar cambios físicos en el cuerpo. También pueden cambiar el comportamiento.

Las drogas o los medicamentos pueden ayudarnos también. Pueden curar e impedir las enfermedades. Pueden aliviar el dolor. Hay dos clases de drogas para el uso médico: los medicamentos no recetados y los medicamentos recetados. Las aspirinas, los antihistamínicos y los antiacídicos son medicamentos populares no recetados. Puedes comprarlos en una tienda cualquiera sin permiso de un médico. Los medicamentos recetados, sin embargo, se pueden comprar solamente con una receta por escrito del médico. Todas las drogas o los medicamentos deben tomarse con mucho cuidado. Siempre debes seguir las instrucciones en la etiqueta.

La mayoría de las personas toman las drogas inteligentemente. Desafortunadamente, algunas personas se abusan de ellas. El **abuso de drogas** es el uso desacertado de una droga. ¿Cómo se abusan de las drogas? A veces las personas toman cantidades excesivas de una droga o la toman por razones equivocadas. El uso de drogas ilegales también es el abuso de drogas. ¿Por qué crees que algunas personas se abusan de las drogas?

Muchas personas que abusan de las drogas se vuelven dependientes física o emocionalmente de la droga. Esto quiere decir que el cuerpo necesita la droga. Otros problemas del abuso de drogas incluyen la tolerancia. La tolerancia existe cuando el cuerpo se acostumbra a una droga. El individuo necesita tomar una dosis cada vez más fuerte para lograr el mismo efecto. La tolerancia puede llevar a una dosis excesiva y hasta la muerte.

Para curarse del abuso de drogas, una persona tiene que pasar por sufrimientos de carencia de la droga que solía tomar. Los síntomas de esta carencia incluyen los escalofríos, la fiebre, los vómitos y aun las convulsiones. Estos síntomas pueden durar tan poco como unos días o tan largo como unas semanas.

Hay una manera mucho mejor para evitar todos estos síntomas.

DI QUE NO A LAS DROGAS desde un principio.

Los científicos clasifican las drogas de acuerdo con los efectos que tienen en el cuerpo.

Figura A

Los estimulantes Las drogas que aceleran la acción del sistema nervioso central se llaman <u>estimulantes</u>. Los estimulantes <u>aceleran</u> el latido del corazón y el ritmo de la aspiración. Algunos ejemplos de estimulantes son la cafeína, la cocaína y la nicotina.

Figura B

La cocaína es un estimulante que se abusa con frecuencia. *Crack,* o la cocaína dura, es una forma purificada de la cocaína. Se abusa con frecuencia de la cafeína también. La cafeína se encuentra en el café, el té, los refrescos o gaseosos de cola y el chocolate. La nicotina se encuentra en el tabaco.

Figura C

Los calmantes Los <u>calmantes</u> son drogas que <u>retardan</u> la acción del sistema nervioso central. Disminuyen el latido del corazón y el ritmo de la aspiración. Grandes cantidades de calmantes pueden hacer que una persona entre en un estado comatoso o que se muera. Algunos ejemplos de calmantes son el alcohol, los barbituratos (ácidos barbitúricos) y los tranquilizantes.

Muchas veces se usan los barbituratos en los somníferos. Los barbituratos también tienen otros usos médicos.

Figura D

Los narcóticos Los <u>narcóticos</u> son drogas calmantes o sedantes que <u>se hacen de la planta del opio</u>. Algunos ejemplos de narcóticos corrientes son la morfina y la codeína. Se usan la morfina y la codeína para aliviar dolores fuertes. Otro narcótico es la heroína. La heroína es un narcótico ilegal que no tiene valor medicinal alguno.

Figura E *"La adicción es la esclavitud."*

Los alucinógenos Los <u>alucinógenos</u> son drogas que <u>trastornan o alteran los sentidos</u>. La LSD (el ácido lisérgico) y la marijuana son dos alucinógenos de que se abusan con frecuencia. Los alucinógenos hacen que una persona sienta pánico o amenaza. Por esta razón, las personas que los toman presentan peligros personales y a otras personas.

Los alucinógenos hacen que el cerebro "vea" cosas que no estén realmente presentes: figuras, diseños, colores, movimientos. Por ejemplo una persona que abusa del ácido lisérgico puede sentirse capaz de hacer lo <u>imposible</u>, tal como volar sin avión.

La marijuana es la droga de que más se abusa en los Estados Unidos. Proviene de una planta y generalmente se fuma. La marijuana hace que la persona que lo usa sufra de alucinaciones, pero también retarda el sistema nervioso central. Por esta razón, a veces se clasifica la marijuana como calmante.

Figura F

COMPLETA LA TABLA

*Decide si cada droga en la tabla es un **estimulante**, un **alucinógeno**, un **narcótico** o un **calmante**. Completa la tabla al escribir el nombre del grupo al que pertenece la droga en la columna de la derecha.*

	Droga	Se clasifica como
1.	Cafeína	
2.	Barbiturato	
3.	Nicotina	
4.	Cocaína dura	
5.	Marijuana	
6.	Cocaína	
7.	Ácido lisérgico	
8.	Alcohol	
9.	Morfina	
10.	Tranquilizante	
11.	Heroína	
12.	Codeína	

HACER CORRESPONDENCIAS

Empareja cada término de la Columna A con su descripción en la Columna B. Escribe la letra correcta en el espacio en blanco.

Columna A	Columna B
_____ 1. una droga	a) alguna sustancia química que hace un cambio en el cuerpo
_____ 2. el enviciamiento a las drogas	b) droga que retarda el sistema nervioso central
_____ 3. un calmante	c) dependencia incontrolable de una droga
_____ 4. el abuso de drogas	d) cuando el cuerpo se acostumbra a una droga
_____ 5. la tolerancia	e) uso desacertado de una droga

PARA LEER LAS ETIQUETAS DE LOS MEDICAMENTOS

Lo que necesitas (los materiales)

3 etiquetas o envases de medicamentos sin receta

Cómo hacer el experimento (el procedimiento)

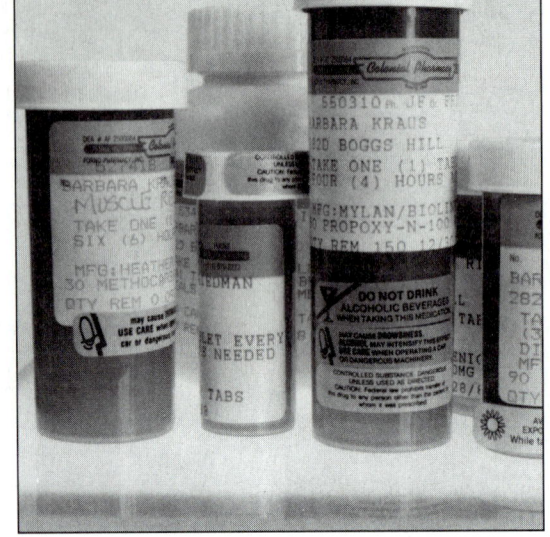

1. Revisa cada una de las etiquetas.

2. Escribe el nombre del medicamento y para qué se usa.

3. Busca las instrucciones para la dosis y apunta la dosis.

4. Busca la fecha de vencimiento y apúntala.

5. Apunta algunas advertencias o cautelas que se dan para el medicamento.

Figura G

Lo que aprendiste (las observaciones)

1. ¿Cuáles son dos cosas que se indican en las instrucciones para la dosis de un medica-

   mento? _____

   _____

2. ¿Diferen las dosis para grupos de diferentes edeades? Si dices que sí, escribe un ejem-

   plo. _____

3. ¿Cuáles son las frecuencias para tomar el medicamento que encontraste? _____

   _____

Algo en que pensar (las conclusiones)

1. Haz una lista de los tipos de datos que puedes obtener de las etiquetas de los medica-

   mentos. _____

   _____

   _____

   _____

2. ¿Qué advertencia general se encuentra en todas las etiquetas de medicamentos?

   _____

¿Cuáles son los efectos de alcohol en el cuerpo?

31

alcohólico: persona dependiente del alcohol
cirrosis: enfermedad del hígado causada por células dañadas del hígado

LECCIÓN 31 | ¿Cuáles son los efectos de alcohol en el cuerpo?

El uso, o para decirlo con más exactitud, el abuso del alcohol es un problema creciente. Requiere la atención de forma nacional. ¿Qué es el alcohol y qué efecto tiene en una persona? Simple y francamente, el alcohol es una <u>droga</u>, una droga no recetada. Es una droga que, bajo la ley, se permite comprar y usar si uno es de "la edad legal para tomar bebidas alcohólicas".

El alcohol nos rodea. ¿Cuántas licorerías y bares o cantinas hay en tu comunidad? Puedes abrir cualquiera de las revistas o los periódicos y probablemente encontrarás muchos anuncios para la cerveza y otras bebidas alcohólicas. Lo mismo sucede en la televisión.

Las personas toman por muchas razones. Toman durante las comidas, para hacerse agradables o sociables y durante las festividades. Las otras personas toman para participar en el grupo que esté de onda más popular. Otras toman para aliviar las tensiones. En realidad, si nombras un suceso o una situación, es probable que hay gente que lo utilizará como razón para tomar. Muchas veces una bebida lleva a otra y a otra y a otra. Dentro de poco, algunos individuos no hacen nada más que beber. Han llegado a ser dependientes del alcohol. Estas personas se han convertido en alcohólicas. Su cuerpo anhela el alcohol.

En esta lección, vamos a explorar los efectos del alcohol en la mente y en el cuerpo.

MÁS SOBRE EL ABUSO DEL ALCOHOL

Muchas personas creen que el alcohol es una droga estimulante. Puede ser, pero sólo por poco tiempo. Luego el alcohol hace que el cuerpo y la mente se retarden. En realidad, el alcohol es un calmante. El abuso del alcohol ocasiona muchos problemas.

LA CONCENTRACIÓN DE ALCOHOL EN LA SANGRE

La cantidad del alcohol que está presente en la sangre se llama la Concentración de alcohol en la sangre (CAS). El efecto del alcohol en el cuerpo aumenta mientras que aumente el nivel del alcohol en la sangre. La Figura A muestra el nivel de la Concentración de alcohol en la sangre (CAS) y los efectos en el cuerpo.

Bebidas por hora	CAS (porcentaje)	Efectos
1	0.02–0.03	Sensación de relajación o desahogo
2	0.05–0.06	Pequeña pérdida de la coordinación
3	0.08–0.09	Pérdida de la coordinación, el habla indistinta y problemas en pensar
4	0.1–0.12	Falta de razonamiento, aumento del tiempo para reaccionarse
7	0.20	Dificultades de pensar, caminar, hablar
14	0.40	Pérdida de la consciencia, vómitos
17	0.50	Coma profundo; si termina la aspiración, ocurre la muerte
Una bebida = 1 oz de whisky, 4 oz de vino o 12 oz de cerveza		

Figura A *La concentración de alcohol en la sangre y sus efectos.*

1. ¿Qué significa CAS? _____

2. ¿A qué nivel de la CAS suceden la inconsciencia o los vómitos? _____

3. ¿Cuál es el efecto de tomar una bebida? _____

4. ¿Después de cuántas bebidas ocurre el habla indistinta? _____

5. ¿Qué cantidad de whisky es igual a 12 oz de cerveza? _____

6. ¿Qué puede resultar de una CAS de .50? _____

7. Si se hace una bebida con 2 oz de whisky, ¿qué nivel de CAS resultará? _____

8. ¿Por qué sería peligroso conducir un coche después de tomarse 4 bebidas? _____

_____

9. ¿A qué nivel de la CAS tiene una persona dificultades de pensar, caminar y hablar?

_____

10. ¿Qué es el alcoholismo? _____

LOS EFECTOS DE ALCOHOL EN EL CUERPO

La circulación El alcohol hace daño al corazón y a los vasos sanguíneos. Los alcohólicos muchas veces sufren de enfermedades del corazón y de la hipertensión (la alta presión de la sangre). El alcohol excesivo puede retardar el latido del corazón tanto que deja de latirse.

La digestión El alcohol hace daño a la pared del esófago, del estómago y del intestino delgado. Causa úlceras. Al seguir tomando, las úlceras y el dolor se empeoran.

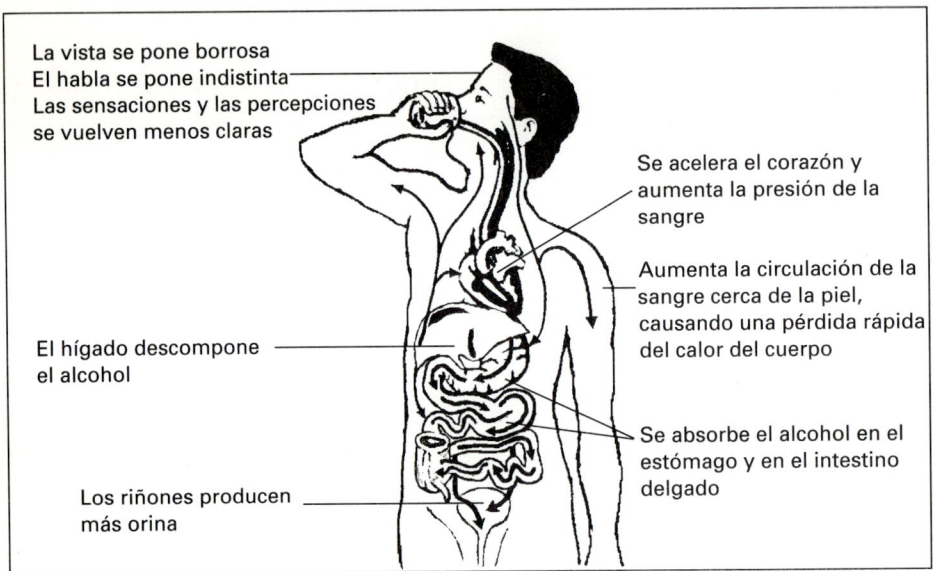

Figura B

Figura C _Hígado sano, hígado con mucha grasa e hígado dañado por cirrosis._

El beber en exceso también hace daño al hígado. El alcohol destruye las células del hígado. Mientras se dañen o se destruyan las células del hígado, se reemplazan con tejido cicatrizado. Esta condición se llama la **cirrosis** del hígado. Por fin, el hígado deja de funcionar. La cirrosis del hígado es la causa principal de la muerte entre los bebedores abusivos. En la Figura C se ve un hígado dañado por la cirrosis.

¿Qué efecto tiene el alcohol en el hígado? _____

_____

Aún más daño al hígado resulta de la mala alimentación. Los bebedores abusivos generalmente tienen muy malas dietas y no reciben todos los minerales y las vitaminas esenciales.

EL EFECTO DEL ALCOHOL EN LA MENTE

El alcohol produce diferentes efectos en diferentes personas. El alcohol puede alterar la personalidad del individuo. Una persona normalmente calmada puede volverse agresiva. Este cambio puede llevar al comportamiento violento.

El beber en exceso puede resultar en que se le corra a la persona de su empleo o en el divorcio y la desintegración de la familia. Algunos alcohólicos llegan a ser vagabundos sin hogar.

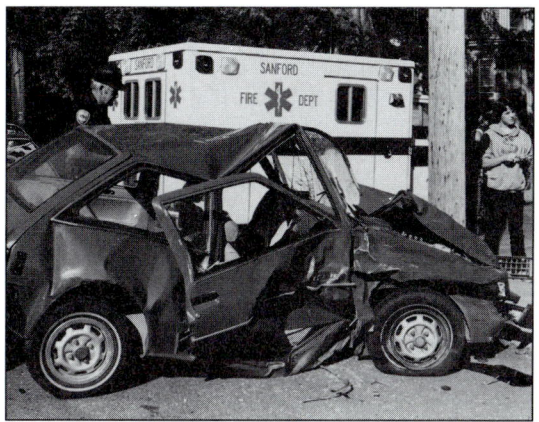

El uso y el abuso del alcohol pueden ser fatales, no sólo para el bebedor sino también para las personas inocentes. El alcohol se borra la vista, altera el razonamiento y retarda el tiempo para reaccionarse. Trágicamente, los accidentes automovilísticos que resultan de los conductores "impedidos por el alcohol" están en aumento. Aproximadamente la mitad de todas las muertes en el tráfico se relacionan con el alcohol.

Figura D

AYUDA PARA LOS ALCOHÓLICOS

El alcoholismo es una enfermedad. Sin embargo, hay ayuda para los alcohólicos y sus familias. Muchos alcohólicos reciben ayuda de grupos, tales como los Alcohólicos Anónimos. Los hijos adolescentes de padres o hermanos alcohólicos también pueden recibir ayuda de grupos como "AL-ATEEN".

Imagínate que un familiar o un amigo tuyo tiene un problema con el beber en exceso. ¿Qué

harías para ayudar a esta persona? _____

_____

AMPLÍA TUS CONOCIMIENTOS

¿Por qué crees que es peligroso combinar el alcohol y las drogas (incluso los medicamentos inofensivos como la aspirina)?

_____

_____

CIENCIA EXTRA

Técnico de radiología

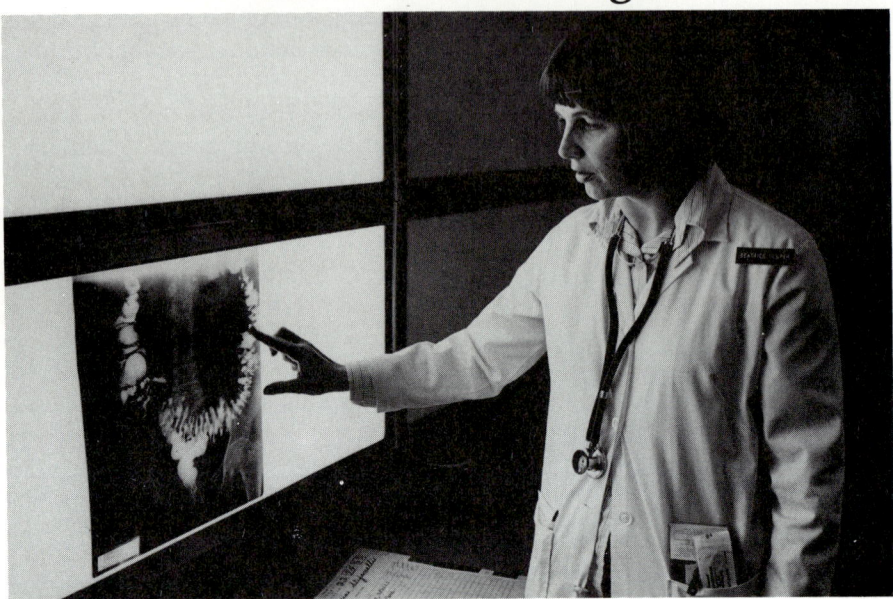

¿Te han sacado alguna vez una radiografía? Las radiografías son formas de radiación. Son importantes en muchas facetas de la medicina, sobre todo para hacer diagnósticos médicos y dentales. Hacen que los médicos y dentistas vean bosquejos de los órganos internos. Generalmente, no se pueden ver por fuera del cuerpo. Sacar una radiografía ayuda a los médicos a diagnosticar problemas sin tener que usar la cirugía.

Las radiografías no sólo ayudan a diagnosticar muchas enfermedades. También las usan para curar o tratar algunas enfermedades, como el cáncer. Primero, ayudan a diagnosticar el cáncer. Luego, las radiografías (u otras fuentes radioactivas) concentradas y bien apuntadas matan las células del cáncer. Si se diagnostica el cáncer a tiempo y si no se ha dispersado, la cura puede ser total.

Las radiografías pueden ser útiles, pero la radiación puede hacer daño a los seres vivos. Puesto que la radiación perjudica a los seres vivos, es importante regular la cantidad de radiación que se usa. Es el trabajo del técnico radiológico manejar el equipo y preparar a los pacientes para las radiografías.

Los técnicos radiológicos hacen un papel muy importante en el diagnóstico y tratamiento médico. Sus destrezas especializadas son muy solicitadas en los hospitales, las clínicas y las asociaciones médicas. Cada estado concede permisos a los técnicos radiológicos. Pero la mayoría de las reglas las establece el gobierno federal.

Si haces buen trabajo en las ciencias y las matemáticas, puedes pensar en esta profesión segura que paga bien. Para hacerte técnico radiológico, hay que terminar la escuela secundaria y también un programa de dos años para los radiólogos.

¿Cuáles son los efectos de tabaco en el cuerpo?

32

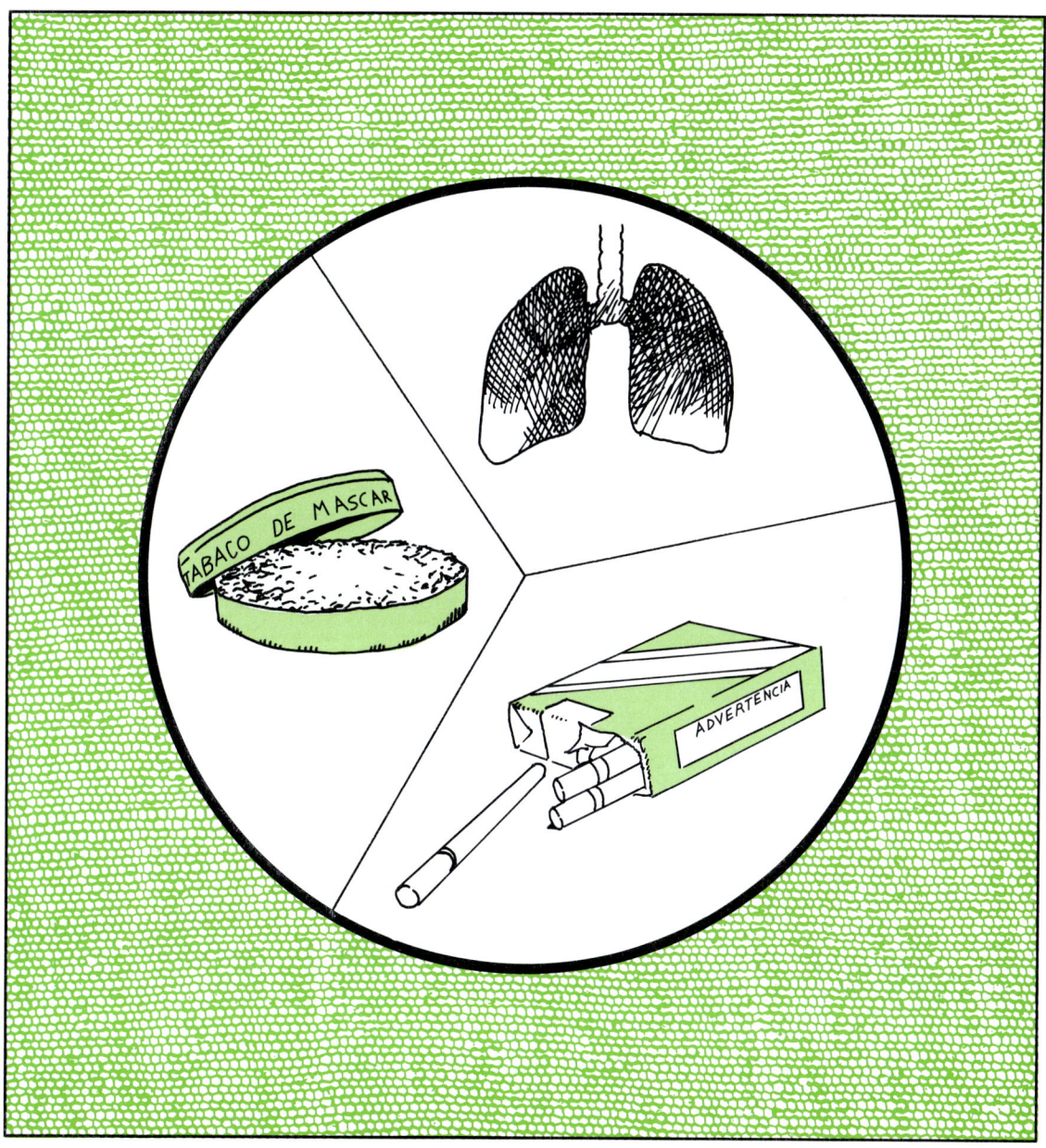

monóxido de carbono: gas tóxico producido cuando se quema el tabaco
nicotina: droga estimulante que se encuentra en el tabaco
brea: sustancia pegajosa amarillenta que se encuentra en el tabaco

LECCIÓN 32 | ¿Cuáles son los efectos de tabaco en el cuerpo?

¿Qué es el tabaco y por qué es tan nocivo para el cuerpo? ¿Te has preguntado esto alguna vez? El tabaco es la hoja desmenuzada de la planta de tabaco. En el tabaco hay más de mil diferentes productos. Muchos de estos productos son nocivos, especialmente cuando se los fume.

Tres productos de los más nocivos del tabaco son la **brea**, la **nicotina** y el **monóxido de carbono**.

LA NICOTINA Como puedas recordar en la Lección 31, la nicotina es una droga. Es una droga estimulante. Acelera el latido del corazón, que aumenta la presión de la sangre. También, aumenta la presión de la sangre y hace daño al sistema nervioso. En grandes cantidades, la nicotina es fatal.

EL MONÓXIDO DE CARBONO El monóxido de carbono es un gas que resulta cuando se quema el tabaco. El monóxido de carbono es un gas muy tóxico. Reemplaza los glóbulos rojos en la sangre. Como un resultado, menos oxígeno entra en las células. Esto causa mareos, somnolencia y dolores de cabeza. El monóxido de carbono puede hacer daño al cerebro.

LA BREA La brea es una sustancia amarillenta pegajosa. Mucha de la brea se pega a los pulmones después de exhalar el humo del tabaco. Un filtro en el cigarrillo reduce la cantidad de la brea, pero no la elimina. La brea todavía entra en los pulmones.

En esta lección, vamos a aprender más sobre las diferentes formas del tabaco y los efectos que produce en el cuerpo.

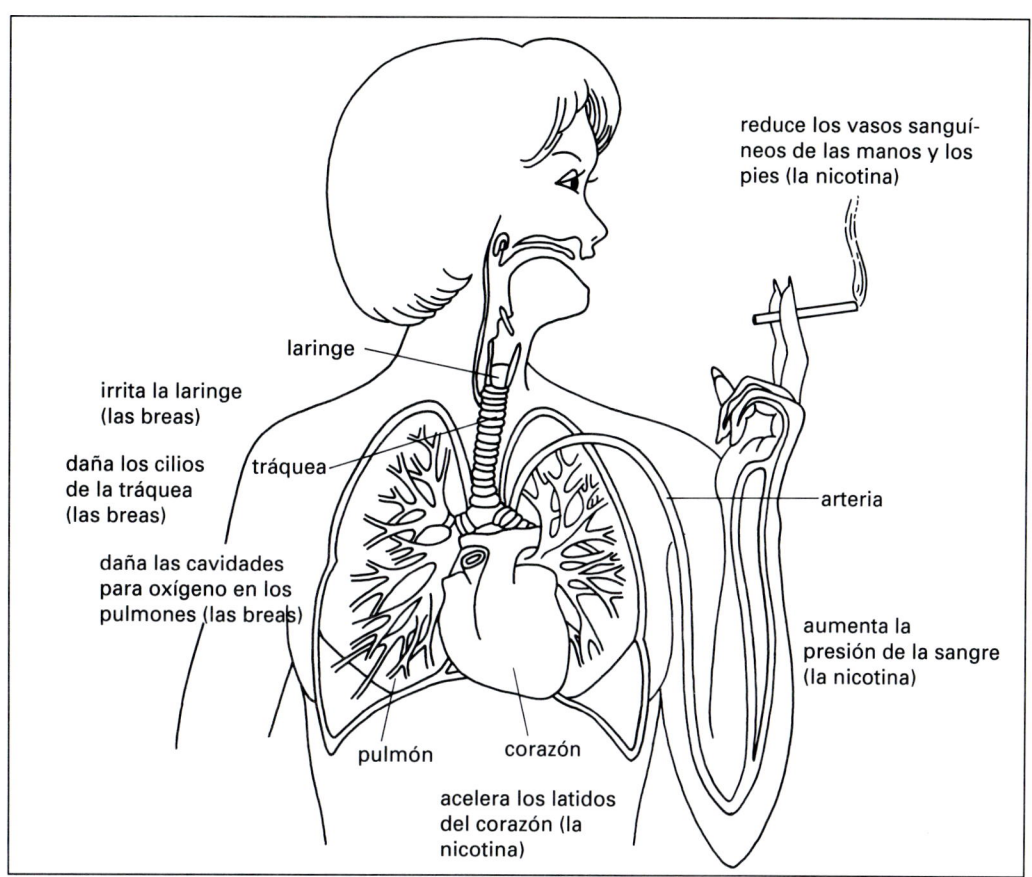

reduce los vasos sanguí-
neos de las manos y los
pies (la nicotina)

laringe

irrita la laringe
(las breas)

daña los cilios
de la tráquea
(las breas)

tráquea

arteria

daña las cavidades
para oxígeno en los
pulmones (las breas)

aumenta la
presión de la sangre
(la nicotina)

pulmón   corazón

acelera los latidos
del corazón (la
nicotina)

Figura A

Utiliza la Figura A y lo que ya has aprendido para contestar las siguientes preguntas.

1. ¿Qué es el tabaco? _____

2. ¿Cuáles son tres de los productos nocivos que se encuentran en el tabaco?

    _____   _____   _____

3. ¿Cuál es el efecto en el cuerpo del monóxido de carbono? _____

    _____

4. ¿Cuál es el efecto en el cuerpo de la nicotina? _____

    _____

5. ¿Qué sucede con la brea después de que un fumador exhala el humo del tabaco?

    _____

ENFERMEDADES RELACIONADAS CON EL TABACO

Los productos de tabaco se han relacionado con muchos tipos del cáncer. El fumar es la causa principal de dos enfermedades fatales de los pulmones: el cáncer de los pulmones y el enfisema. Una persona que sufre del enfisema muchas veces pierde fácilmente el aliento.

El fumar cigarrillos no es el único culpable. Las personas que fuman pipas o puros también pueden padecer de cánceres. Los fumadores frecuentemente contraen el cáncer de los pulmones, de la vejiga, de los riñones, del páncreas, de la boca, de la laringe, del esófago, de la mejilla, de los labios y de la lengua.

El tabaco de mascar puede resultar en el cáncer de la boca. En realidad, el cáncer que resulta del tabaco de mascar muchas veces se desarrolla más rápidamente que las otras formas del cáncer.

¡ES MÉDICO TÚ!

Se describen a continuación los síntomas del enfisema y del cáncer de los pulmones. Lee la descripción y trata de identificar la enfermedad.

Enfermedad A El humo del tabaco hace daño a las bolsas de oxígeno o de aire de los pulmones. Se llenan de flema. No puede entrar el aire fresco. El aire contaminado se queda atrapado y no puede salirse. Se descomponen las paredes de las bolsas de aire. De esta forma, se quedan lugares vacíos en los pulmones. Se dificulta la respiración. Se disminuye la provisión del oxígeno al cuerpo. El corazón trata de compensar al latir cada vez más fuerte y rápido. Llega el momento en que deja de latir. El resultado es la muerte de un ataque cardíaco.

Enfermedad B Las células normales se vuelven anormales. Se reproducen rápidamente. Mientras que se reproducen, estorban y destruyen las células saludables. Las células anormales generalmente se extienden a otras partes del cuerpo. Se disminuyen tanto los procesos de vida que resulta en la muerte.

1. ¿Cuál de las enfermedades es el cáncer? _____

2. ¿Cuál de las enfermedades es el enfisema? _____

Hazte esta pregunta: "¿Vale la pena?" Si ya eres fumador o fumadora, deja de fumar AHORA MISMO, antes de que sea demasiado tarde. Si no fumas, no lo hagas NUNCA.

COMPLETA LA ORACIÓN

Completa cada oración con una palabra o una frase de la lista de abajo. Escribe tus respuestas en los espacios en blanco. Algunas palabras pueden usarse más de una vez.

nicotina	monóxido de carbono	brea
pipas	planta	corazón
puros	cáncer	tabaco de mascar
estimulante	enfisema	

1. ¿Cuáles son tres sustancias nocivas en el tabaco? _____ _____

   _____ .

2. La nicotina es una droga _____ .

3. Una sustancia amarillenta y pegajosa es la _____ .

4. El _____ es el gas tóxico que resulta de quemar el tabaco.

5. El tabaco de los cigarrillos proviene de la _____ del tabaco.

6. Otras formas de fumar incluyen el uso de los _____ y de las _____ .

7. El cáncer de la boca muchas veces se relaciona con el uso del _____ .

8. La falta de suficiente aliento es un síntoma del _____ .

9. El _____ es la división rápida de células anormales.

10. El fumar le somete a un gran esfuerzo al _____ .

HACER CORRESPONDENCIAS

Empareja cada término de la Columna A con su descripción en la Columna B. Escribe la letra correcta en el espacio en blanco.

Columna A	Columna B
_____ 1. el monóxido de carbono	a) sustancia amarillenta y pegajosa en el tabaco
_____ 2. la brea	b) señalada por la falta de aliento
_____ 3. la nicotina	c) células anormales reemplazan las saludables
_____ 4. el enfisema	d) gas tóxico
_____ 5. el cáncer de los pulmones	e) droga estimulante

No tienes que ser fumador o fumadora para padecer de problemas relacionados con fumar. Si estás en el mismo cuarto con una persona que fuma, vas a inhalar el humo. Hay indicaciones de que este humo, que se llama el humo de segunda mano, puede ser tan dañino como el humo de fumar directamente.

Figura B *"Se puede fumar sólo en este área."*

Muchas compañías y asociaciones ahora prohíben fumar o permiten que se fume sólo en áreas limitadas. Como resultado, discuten mucho los fumadores y los antifumadores. Los fumadores dicen que tienen derecho de fumar en cualquier lugar. Los antifumadores dicen que no deben estar expuestos a los efectos nocivos del humo.

¿Quiénes tienen razón? ¿Qué opinas? En los espacios en blanco, describe tu razonamiento a favor de o en contra de los fumadores. No existe una respuesta correcta ni una equivocada, pero sí debes poder justificar o apoyar tu postura.

_____

_____

_____

_____

_____

_____

SÍMBOLOS DE ADVERTENCIA PARA LA SEGURIDAD

 **ROPA PROTECTORA** • Una bata protege la ropa de las manchas. • Siempre sujeta la ropa suelta.

 **SEGURIDAD PARA LA VISTA** • Siempre hay que ponerte lentes protectoras. • Si algo se mete en los ojos, enjuágalos con mucha agua. • Asegúrate de que sabes usar el sistema de lavado de emergencia en el laboratorio.

 **SEGURIDAD CONTRA INCENDIOS** • Jamás debes acercarte a una llama más de lo necesario. • Nunca debes alargar el brazo por encima de una llama. • Siempre sujeta la ropa suelta. • Sujeta bien el pelo suelto. • Recuerda dónde están el apagallamas y la manta contra incendios. • Cierra los grifos (las válvulas) para el gas cuando no estén en uso. • Sigue siempre los procedimientos apropiados para encender los mecheros.

 **VENENO** • Nunca debes tocar, probar ni oler ninguna sustancia desconocida. Espera las instrucciones del maestro.

 **SUSTANCIAS CÁUSTICAS** • Algunas sustancias químicas pueden irritar y quemar la piel. Si la piel llega a tocar una sustancia química, enjuágala con mucha agua. Avisa al maestro inmediatamente.

 **SEGURIDAD DE CALEFACCIÓN** • Maneja objetos calientes con pinzas o tenazas o con guantes forrados de materia aislante. • Coloca los objetos calientes sólo sobre una superficie especial en el laboratorio o sobre un cojinillo resistente al calor. Nunca debes colocarlos directamente en una mesa o un escritorio.

 **OBJETOS AFILADOS** • Maneja los objetos afilados con cuidado. • Nunca apuntes un objeto afilado ni a ti mismo ni a otra persona. • Siempre debes cortar en la dirección opuesta a la del cuerpo.

 **VAPORES TÓXICOS** • Algunos vapores (o gases) pueden hacer daño a la piel, a los ojos y a los pulmones. Jamás debes inhalar los vapores directamente. • Siempre usa la mano para "empujar" una pequeña cantidad del vapor hacia la nariz.

 **SEGURIDAD CON OBJETOS DE CRISTAL** • Jamás debes usar ningún útil de cristal que sea astillado o roto. • Nunca recojas el cristal roto con la mano.

 **LIMPIEZA** • Lávate bien las manos después de todas las actividades en el laboratorio.

 **SEGURIDAD CON ELECTRICIDAD** • Nunca debes usar un aparato eléctrico cerca del agua ni sobre una superficie mojada. • No debes usar cordones ni cables si la envoltura está desgastada. • Nunca debes manejar un aparato eléctrico con las manos mojadas.

 **ELIMINACIÓN DE BASURAS** • Tira todos los materiales correctamente, de acuerdo con las instrucciones del maestro.

GLOSARIO/ÍNDICE

mineral: nutrimento que el cuerpo necesita para desarrollarse bien, 40

monóxido de carbono: gas tóxico producido cuando se quema el tabaco, 194

músculo esquelético: músculo ligado al esqueleto, que hace posible los movimientos, 20

músculo liso: músculo que hace movimientos que el individuo no puede controlar, 20

neurona: célula nerviosa, 121

nicotina: droga estimulante que se encuentra en el tabaco, 194

nutrimento: sustancia química nutritiva de los alimentos que el cuerpo necesita para el crecimiento, la energía y los procesos de vida, 26

órgano: grupos de tejidos que se juntan para realizar una función específica, 2

ovarios: órganos reproductores femeninos, 157

óvulo: célula reproductora femenina, 156

peristalsis: movimiento ondulado que hace mover los alimentos a lo largo del aparato digestivo, 55

placenta: órgano por el que un embrión recibe alimentación y expele los desechos, 166

plaquetas: pedazos de células muy pequeños y sin color que controlan la coagulación de la sangre, 76

plasma: parte líquida de la sangre, 76

proteína: nutrimento que el cuerpo necesita para fabricar y reparar las células, 32

reflejo: respuesta automática a un estímulo, 132

respiración: proceso de transportar el oxígeno a las células, eliminar el dióxido de carbono y soltar la energía, 90

respuesta condicionada: comportamiento en que un estímulo se sustituye por otro estímulo, 144

septo: pared gruesa de tejido que separa el lado izquierdo del lado derecho del corazón, 82

sistema endocrino: sistema del cuerpo que consiste en unas diez glándulas endocrinas que ayudan al cuerpo a responder a los cambios en el medio ambiente, 138

sistema excretorio: sistema del cuerpo encargado de eliminar y expeler los desechos del cuerpo, 106

sistema nervioso: sistema del cuerpo que consiste en el cerebro, la médula espinal y todos los nervios que controlan las actividades del cuerpo, 120

sistema de órganos: grupo de órganos que trabajan juntos, 8

tejidos: grupos de células parecidas que trabajan juntos para realizar una función específica, 2

testículos: órganos reproductores masculinos, 160

tráquea: tubo por el que pasa el oxígeno de la boca hasta los bronquios, 96

válvula: "solapa" delgada de tejido que funciona como una puerta que se abre en una sola dirección, 82

vellos: proyecciones como deditos en la pared interior del intestino delgado, 66

venas: vasos sanguíneos que transportan la sangre de regreso al corazón, 70

ventrículo: cavidad inferior del corazón, 82

vitamina: nutrimento que se encuentra naturalmente en muchos alimentos, 40

zigoto: óvulo fecundado producido por la fecundación, 164